ZEITSCHRIFT FÜR ANGEWANDTE GEOLOGIE

HERAUSGEGEBEN VON
DER STAATLICHEN GEOLOGISCHEN KOMMISSION
UND DER ZENTRALEN VORRATSKOMMISSION
DER DEUTSCHEN DEMOKRATISCHEN REPUBLIK

AUS DEM INHALT

BAND 4 / HEFT 1
JANUAR 1958
SEITE 1–48

AKADEMIE-VERLAG · BERLIN

INHALT

Die ZEITSCHRIFT FÜR ANGEWANDTE GEOLOGIE berichtet ständig ausführlich über folgende Arbeitsgebiete: Geologische Grundlagenforschung und Lagerstättenforschung / Methodik der geologischen Erkundung / Ökonomie und Planung der geologischen Erkundung / Technik der geologischen Erkundung / Geologie und Lagerstättenkunde im Ausland / Bibliographie, Verordnungen, Richtlinien, Konferenzen, Personalnachrichten

Die ZEITSCHRIFT FÜR ANGEWANDTE GEOLOGIE ist kein Organ einer engen Fachgruppe. Auf ihren Seiten können alle strittigen Fragen der praktischen Geologie behandelt werden. Die Autoren übernehmen für ihre Aufsätze die übliche Verantwortung.

Herausgeber: Staatliche Geologische Kommission und Zentrale Vorratskommission für mineralische Rohstoffe der Deutschen Demokratischen Republik. Chefredakteur: Prof. Dr. Erich Lange, Berlin. Redaktion: Berlin N 4, Invalidenstraße 44. Verlag: Akademie-Verlag GmbH, Berlin W 8, Mohrenstraße 39 (Fernsprecher 20 03 86, Postscheckkonto: Berlin 350 21). Bestell- und Verlagsnummer des Heftes: 1047/4/1. Die „Zeitschrift für angewandte Geologie" erscheint monatlich. Bezugspreis 2,– DM je Heft, Doppelheft 4,– DM. – Satz und Druck: Druckhaus „Maxim Gorki", Altenburg. Veröffentlicht unter der Lizenznummer ZLN 5008 des Ministeriums für Kultur, Hauptverwaltung Verlagswesen. Karten: MdI. der DDR Nr. 3650, 3745, 3852, 3871 / K 11. – Printed in Germany.

ZEITSCHRIFT FÜR ANGEWANDTE GEOLOGIE

CHEFREDAKTEUR: PROF. DR. E. LANGE

BAND 4 · JANUAR 1958 · HEFT 1

Aufruf an die Wissenschaftler der Welt

Aus dem Appell des Obersten Sowjets der Union der Sozialistischen Sowjetrepubliken an alle Werktätigen, Persönlichkeiten des politischen und gesellschaftlichen Lebens, Vertreter der Wissenschaft und Kultur, Parlamente und Regierungen aller Länder der Welt.

Der Oberste Sowjet der UdSSR richtet an alle Völker, an alle Arbeiter und Bauern, Vertreter der Wissenschaft und Kultur, Persönlichkeiten des politischen und gesellschaftlichen Lebens, an die Parlamente und Regierungen aller Länder der Welt den Aufruf:

Beharrlich für die friedliche Koexistenz der Staaten mit unterschiedlicher Gesellschaftsordnung und für internationale Zusammenarbeit zu kämpfen;

eine allgemeine Einschränkung der Rüstungen und der Streitkräfte sowie das Verbot der Atom- und Wasserstoffwaffen durchzusetzen;

ein Abkommen über die unverzügliche Einstellung der Versuche mit Atom- und Wasserstoffwaffen zu erwirken;

ein System der kollektiven Sicherheit in Europa und Asien zu schaffen;

die wirtschaftlichen und kulturellen Beziehungen in jeder Weise zu entwickeln und das Vertrauen zwischen den Völkern zu stärken.

In der Erkenntnis seiner Verantwortung und des ganzen Ernstes der gegenwärtigen internationalen Lage wendet sich der Oberste Sowjet der Union der Sozialistischen Sowjetrepubliken an alle friedliebenden Menschen mit dem Appell, wirksame Aktionen zur Verhütung eines neuen Krieges zu unternehmen.

Die Sache des Friedens liegt in den Händen der Völker selbst!

Völker aller Länder, vereinigt eure Bemühungen im Kampf für den Frieden in der ganzen Welt!

Die mineralische Rohstoffbasis der Union der Sozialistischen Sowjetrepubliken[1]

In seiner bekannten Festrede auf der Jubiläumssitzung des Obersten Sowjets der UdSSR, die wir nachstehend auszugsweise veröffentlichen, gab N. CHRUSCHTSCHOW am 6. November 1957 unter anderem eine Analyse der mineralischen Rohstoffbasis der Sowjetunion. Die klaren und begeistert vorgetragenen Erfolge geologischer Forschungs- und Erkundungsarbeiten sind ein deutlicher Beweis für den stürmischen Aufschwung bei der komplexen Entwicklung der Volkswirtschaft in der Sowjetunion.

Wir begrüßen es daher ganz besonders, daß wir unseren neuen Jahrgang mit einem Auszug aus der Festrede CHRUSCHTSCHOWs beginnen können. Die von realem Optimismus getragenen Ausführungen des sowjetischen Staatsmannes fanden nicht nur lebhaften Widerhall unter den Geologen der sozialistischen Länder, sie zeigen auch den Geologen der kapitalistischen Länder die Perspektiven einer schöpferischen kollektiven wissenschaftlichen Arbeit, die frei von imperialistischen Ketten zu ihrer vollen Blüte gelangt.

Die Redaktion

Worauf gründet sich die feste Zuversicht der Sowjetmenschen, daß die Pläne für den weiteren mächtigen Aufschwung der Volkswirtschaft unseres Landes erfüllt werden?

Diese Überzeugung beruht erstens darauf, daß das Sowjetland jetzt über eine mächtige sozialistische Industrie verfügt, die mit einer hochentwickelten Technik ausgestattet ist, sowie über eine große mechanisierte Landwirtschaft, die sich in einem rapiden Aufschwung befindet.

Zweitens besitzen wir jetzt hochqualifizierte Kader, die imstande sind, die kompliziertesten Aufgaben der Entwicklung der Volkswirtschaft auf der Grundlage des technischen Fortschritts, des ständigen Steigens der Produktivität der gesellschaftlichen Arbeit, der Verbesserung der wirtschaftlichen Leistungen in der Industrie, im Bauwesen, im Verkehrswesen und in der Landwirtschaft erfolgreich zu lösen.

Drittens ermöglichen es die hervorragenden Errungenschaften der sowjetischen Wissenschaft und Technik und ihre umfassendere Einführung in die Produktion, bei geringstem Aufwand an Kräften und Mitteln die größten Ergebnisse bei der Entwicklung der Produktivkräfte zu erreichen.

Viertens besitzt unser Land *unerschöpfliche Naturschätze*, die eine unbeschränkte Entwicklung der Wirtschaft ermöglichen. Wir haben alles Erforderliche für ein schnelles Anwachsen der verschiedensten Volkswirtschaftszweige, für eine weitergehende Befriedigung der wachsenden Bedürfnisse der Gesellschaft.

Ein wichtiges Glied bei der praktischen Verwirklichung der Perspektivpläne zur Entwicklung der Volkswirtschaft ist die *wirksamere Ausnutzung unserer Naturschätze.*

Im vorrevolutionären Rußland wurden die *Bodenschätze* fast gar nicht erforscht, die festgestellten Vorräte an Eisenerz und Kohle betrugen nur etwas über drei Prozent der Weltvorräte. Die Kapitalisten und Gutsbesitzer führten die Wirtschaft des Landes so, daß trotz Vorhandensein großer Naturschätze nicht nur Kohle, Phosphordüngemittel und Kalisalze, sondern sogar Mauersteine und Pflastersteine für die Straßen eingeführt wurden.

In der Sowjetzeit wurden zahlreiche neue Vorkommen an Bodenschätzen entdeckt und erkundet, wurde festgestellt, daß früher bekannte Vorkommen bedeutend größer waren. *Hinsichtlich der festgestellten Vorräte der wichtigsten Arten von Mineralrohstoffen, darunter Eisen- und Manganerzen, Kohle, Kupfer, Bauxiten, Nickel, Wolfram, Blei, Quecksilber, Glimmer, Zink und Kalisalzen, steht die Sowjetunion an erster Stelle in der Welt* und in bezug auf die festgestellten *Erdölvorräte* an einem der ersten Plätze. Wir besitzen gewaltige *Wasserkraftreserven*, die es ermöglichen, riesige Wasserkraftwerke in den verschiedenen Gebieten zu bauen. Auch unser Waldreichtum ist kolossal.

Wenn wir von den Naturschätzen unserer Heimat sprechen, *müssen wir jene bemerkenswerte Besonderheit hervorheben, daß diese Naturschätze entdeckt und erforscht sind und auch weiterhin in den verschiedensten Gebieten der Sowjetunion erforscht werden.* Wenn man diesen Umstand unter dem Gesichtspunkt der Zukunft unseres Landes betrachtet, so zeichnet sich in der Perspektive schon klar das erhabene neue Antlitz des Landes ab, wenn die Produktivkräfte die rationellste Standortverteilung erhalten und die Wirtschaft aller Gebiete ein stürmisches Wachstum nehmen wird.

Werfen wir im Geiste einen Blick auf die Karte der Sowjetunion! Nehmen wir die russische Föderation als Beispiel. Sehen Sie auf die Gebiete des Fernen Ostens, Sibiriens und des Nordostens! Im zaristischen Rußland waren dies öde, unerschlossene, unbewohnte und wirtschaftlich wie kulturell rückständige Gegenden, die man nicht selten als wüste „Bärenwinkel" bezeichnete. Heute blüht hier eine große schöpferische Arbeit, sind große Industrie- und Kulturzentren geschaffen worden. Hier entsteht ein *neues Zentrum der Wissenschaft:* die sibirische Abteilung der Akademie der Wissenschaften der UdSSR. In der letzten Zeit sind hier *zahlreiche Bodenschätze* entdeckt worden, darunter große Vorkommen an Zinn, Molybdän, Eisenerzen, Kohle und Magnesit. In der Jakutischen Autonomen Republik sind nach vielen Milliarden Tonnen zählende Vorräte an Kokereikohle entdeckt worden; erkundet wurden reiche primäre und sekundäre Diamantlagerstätten, große Eisenerzvorräte, Goldfelder, Vorkommen an Zinn und anderen Bodenschätzen.

Unter den großen Wirtschaftsrayons des Landes nimmt der Ural einen ansehnlichen Platz ein, der auch in Zukunft über alles Notwendige verfügt, um eine Reihe wichtiger Zweige der Schwerindustrie weiterzuentwickeln. In den großen Räumen zwischen Wolga und Ural sind *riesige Erdöllagerstätten* entdeckt und erforscht worden, die weitgehend ausgenutzt werden. In der Baschkirischen und in der Tatarischen Autonomen Republik wurde in dem letzten Jahr die Erdölförderung wesentlich gesteigert. Zur Zeit fördert jede der beiden Republiken *über das Zweifache mehr Erdöl als im ganzen zaristischen Rußland Erdöl gefördert wurde.* Die Errichtung gigantischer Wasserkraftwerke

[1]) 40 Jahre Große Sozialistische Oktoberrevolution. – Festrede des Genossen N. S. CHRUSCHTSCHOW auf der Jubiläumssitzung des Obersten Sowjets der UdSSR am 6. 11. 1957, Berlin 1957, S. 15–18, 23.

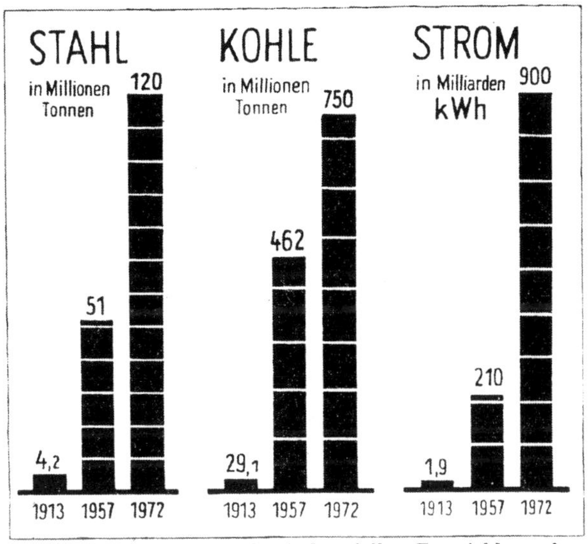

Abb. 1. Aus dem Plan der industriellen Entwicklung der UdSSR für die nächsten fünfzehn Jahre

an der Wolga schafft eine mächtige Energiebasis für die Weiterentwicklung der Volkswirtschaft.

In den Zentralgebieten des Landes, die über zahlreiche Industriezweige verfügen, eröffnen sich für die Zukunft weite Entwicklungsperspektiven im Zusammenhang mit der Erschließung der *gewaltigen Eisenerzvorräte der Kursker Magnetanomalie.* Dieses größte Eisenerzbecken der Sowjetunion, das eine mächtige Hüttenindustrie auf Hunderte von Jahren mit hochwertigem Eisenerz versorgen kann, dürfte ohne Zweifel in der weiteren Verstärkung des Industriepotentials der UdSSR eine wichtige Rolle spielen.

Die Ukrainische Republik, die für die wirtschaftliche Entwicklung des Landes von sehr großer Bedeutung ist, verfügt über eine mächtige Kohlen-, metallurgische, chemische und Maschinenbauindustrie sowie über eine wachsende Energiebasis. Sie verfügt über gewaltige natürliche Hilfsquellen für die Weiterentwicklung der Wirtschaft. In den südlichen Gebieten der Ukraine, die auf Grund der Menge der berechneten Vorräte und der Förderung von Eisen- und Manganerzen mit an erster Stelle stehen, sind die Grenzen dieser Erzbecken beträchtlich erweitert worden. Neue Vorkommen verschiedener wertvoller Bodenschätze wurden gefunden. Entdeckt und prospektiert wurden ferner neue Kohlenbecken, so das Dnepr-Becken und das Lwow-wolhynische Becken, die im Verein mit dem Donbass die Kohlenförderung von Jahr zu Jahr steigern werden. Einen starken Aufschwung nimmt in den nächsten Jahren die Gasindustrie auf der Basis der großen Erdgasvorkommen.

Große Perspektiven eröffnen sich für die weitere Entwicklung der Industrie in Kasachstan und Mittelasien, deren Antlitz sich in den Jahren der Sowjetmacht dank der Leninschen Nationalitätenpolitik der Kommunistischen Partei gewandelt hat. Hier wurden neue Zweige der modernen Industrie geschaffen, auch wurde der Stand der landwirtschaftlichen Produktion beträchtlich gehoben. In Kasachstan wurden riesige Vorräte an Eisenerz, Steinkohle, Chromerzen, hochwertigen Bauxiten, an allen möglichen Buntmetallen und seltenen Metallen sowie an zahlreichen anderen mineralischen Rohstoffen entdeckt. Nach dem derzeitigen Stand konzentrieren sich in diesem Gebiet ungefähr die Hälfte aller in der UdSSR festgestellten Vorräte an Kupfer, Blei, Zink und Wolfram sowie mehr als ein Fünftel aller Vorräte an Molybdän. Vorräte, für die in der Zukunft große Wachstumsperspektiven gegeben sind. Kasachstan ist eine überreiche Vorratskammer für die verschiedenartigsten Naturschätze, die es ermöglichen, eine vielzweigige mächtige Industrie aufzubauen. Mittelasien ist reich an Kohle, Erdöl, an Kupfer-, Blei-, Antimon-, Quecksilber- und Wolframvorkommen sowie an anderen mineralischen Rohstoffen.

Betrachten wir einige Daten des derzeitigen Produktionsstandes der wichtigsten Erzeugnisarten in der Sowjetunion.

Im Jahre 1957 wird sich die Eisenerzförderung ungefähr auf 84 Millionen Tonnen belaufen, die Kohlenförderung auf 462 Mililonen Tonnen oder, auf Steinkohle umgerechnet, auf 395 Millionen Tonnen, die Erdölförderung auf 98 Millionen Tonnen, Roheisen mehr als 37 Millionen Tonnen, Stahl 51 Millionen Tonnen, Elektroenergie 210 Milliarden Kilowattstunden, Zement nahezu 29 Millionen Tonnen.

Nach vorläufigen Berechnungen, die noch präzisiert werden müssen, ist beabsichtigt, in etwa 15 Jahren in der UdSSR folgenden Stand pro Jahr zu erreichen:

Eisenerz	250 bis 300 Millionen	t
Roheisen	75 bis 85 Millionen	t
Stahl	100 bis 120 Millionen	t
Kohle	650 bis 750 Millionen	t
Erdöl	350 bis 400 Millionen	t
Gewinnung und Erzeugung von Gas	270 bis 320 Milliarden	cbm
Elektroenergie	800 bis 900 Milliarden	kWh
Zement	90 bis 110 Millionen	t

Das ist eine vorläufige Prognose, die vom Leben in dieser oder jener Richtung korrigiert werden kann. Am ehesten kann sie allerdings dahingehend korrigiert werden, daß sich die Fristen für die Erfüllung dieser Pläne *verkürzen.*

Wenn wir von einer erheblichen Steigerung der Metallerzeugung sprechen, so berücksichtigen wir dabei, daß die Rohstoffbasis der Eisenhüttenindustrie in erster Linie durch die Erschließung der *in letzter Zeit entdeckten außerordentlich reichen Eisenerzlagerstätten* erheblich erweitert wird. Neben der erhöhten Erzförderung im Revier von Kriwoi Rog ist vorgesehen, die Arbeiten

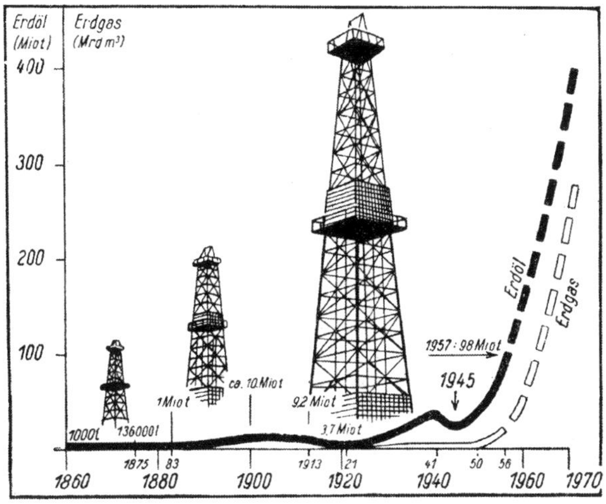

Abb. 2. Entwicklung der Erdgas- und Erdölproduktion im zaristischen Rußland und der UdSSR von 1860 bis 1970

an den Lagerstätten der Kursker Anomalie, in Kasachstan und in Sibirien in großem Umfang aufzunehmen. *Die Sowjetunion wird in den nächsten Jahren in der Eisenerzförderung den ersten Platz in der Welt einnehmen.*

Besondere Aufmerksamkeit muß auf die stärkere Verwendung von Gas und Erdöl an Stelle von Kohle gerichtet werden. In dieser Beziehung sind wir ernstlich zurückgeblieben. Man braucht hier nur darauf hinzuweisen, daß nur etwa vier Prozent des gesamten in der Sowjetunion gewonnenen Brennstoffs auf Erdgas entfallen, obwohl unser Land über sehr reiche Erdgasvorräte verfügt.

Die bessere Ausnutzung des Erdöls und Erdgases bietet erhebliche Vorteile. Die Förderung von Erdgas und Erdöl ist verhältnismäßig billig.

Die Selbstkosten für die Gewinnung von Erdgas sind fast um das 20fache niedriger als für die Gewinnung von Kohle; die Selbstkosten für die Gewinnung von Erdöl sind etwa um das 3,5fache niedriger als für die Gewinnung von Kohle.

Angesichts der gewaltigen Vorzüge des Gases ist beabsichtigt, die Gewinnung und Erzeugung von Gas in unserem Lande in den nächsten zehn bis fünfzehn Jahren auf etwa das 13- bis 15fache zu steigern. Diese beträchtliche Steigerung der Gasgewinnung wird es ermöglichen, das Gas nicht nur als Brennstoff, sondern auch für die Erzeugung von Stickstoffdüngern und vielen anderen chemischen Produkten auszunutzen.

Die zusammen mit dem Erdöl gewonnenen Gase sind ein hervorragender Rohstoff für die chemische Industrie.

Außerdem ermöglicht es die Entwicklung der Gasindustrie, die Arbeiten zur Gasversorgung der Städte und Arbeitersiedlungen in größerem Umfange zu entfalten. Dadurch können viele Millionen Werktätige von dem unproduktiven Aufwand an Zeit und Arbeit im Haushalt befreit werden. Neben dem gewaltigen Wohnungsbau, der sich im Lande entfaltet hat, ist die weitgehende Verwendung von Gas im Haushalt ein äußerst wichtiger Faktor, der zur Hebung des Wohlstands des Volkes beiträgt. In den Städten und Arbeitersiedlungen wird die Verschmutzung der Luft durch Kohlenstaub und Asche beseitigt und die sanitären und hygienischen Lebensbedingungen der Bevölkerung werden bedeutend verbessert.

Unter den dringlichen Aufgaben bei der weiteren Entwicklung der Industrieproduktion muß auch die Frage der Entwicklung der chemischen Industrie hervorgehoben werden. Es handelt sich darum, in den nächsten Jahren die Produktion von mineralischen Düngemitteln rapid zu vergrößern, eine mächtige Industrie der Kunststoffe und synthetischen Fasern und anderer synthetischer Stoffe zu schaffen. Dadurch werden weitgehend Ersatzstoffe für Buntmetalle, pflanzliche und tierische Rohstoffe verwendet.

Heute bestehen zwei Weltsysteme — das sozialistische und das kapitalistische. Jedes von ihnen hat seine eigenen spezifischen Entwicklungsgesetze.

Alle Länder des Sozialismus — die großen wie die kleinen —, die auf dem Wege des Sozialismus weit vorangeschritten sind oder die soeben erst diesen Weg beschritten haben, sind völlig gleichberechtigt. Keines von ihnen erhebt Anspruch auf irgendwelche Vorteile, auf irgendwelche Privilegien. Die Erfahrungen des einen sozialistischen Landes werden zum Gemeingut des anderen; die Erfolge jedes Landes stärken nicht nur dieses Land, sondern auch das gesamte Lager des Sozialismus.

Geologische Kollektivforschung

ERICH LANGE, Berlin

Der große Triumph der sowjetischen Wissenschaft bei der Entsendung des ersten Erdsatelliten ins Weltall beweist u. a., daß die sozialistische wissenschaftliche Gemeinschaftsarbeit von Forschern, Technologen und Aktivisten die vorhandenen Kräfte vervielfacht und das Tempo der Arbeit wesentlich beschleunigt.

In diesem Zusammenhang möchte ich die Parteiorganisationen in den wissenschaftlichen Instituten und die leitenden Staatsfunktionäre und auch die Leiter von Forschungsinstituten und ähnlichen Organisationen auf die Darlegungen von Herrn Prof. THIESSEN, Vorsitzender des neugebildeten Forschungsrates der DDR, auf der Tagung von Vertretern aus Wissenschaft und Wirtschaft am 23. August 1957 in Berlin aufmerksam machen und ihnen empfehlen, diese Darlegungen recht gründlich zu durchdenken. Ich meine, wir sollten Herrn Prof. THIESSEN dankbar sein für diese Lektion über das Wesen der Gemeinschaftsarbeit in der fortschrittlichen naturwissenschaftlichen Forschung. Aus seinen kritischen Bemerkungen zu unserer Praxis müssen ernsthafte Schlußfolgerungen gezogen werden. Mir scheint, daß auch die Lektüre des Buches vom Genossen KOSEL: „Produktivkraft — Wissenschaft" die Aufmerksamkeit für diese Fragen erhöhen und die Diskussion anspornen wird.

Wenn wir das Niveau und das Tempo der Forschungsarbeit, das Herr Prof. THIESSEN für real und erreichbar hält, mit unserer gegenwärtigen Praxis vergleichen, dann erhebt sich die Frage, was wir in unserer Tätigkeit verändern müssen.

WALTER ULBRICHT: „Grundfragen der ökonomischen und politischen Entwicklung in der DDR." Beilage „Neues Deutschland" vom 20. 10. 1957, S. 10/11.

Es erscheint dringend notwendig und angebracht, die obigen Anregungen so schnell wie möglich für unser Fachgebiet und für die weitere Entwicklung unserer Zeitschrift zur Diskussion zu stellen. Sachliche Kritiken an unbefriedigenden Zuständen in unseren Arbeitsgebieten werden den Meinungsaustausch anregen und zu denjenigen Veränderungen führen, die der weitere Ausbau unserer Volkswirtschaft erfordert. Die Vergesellschaftung der Produktion zieht eine Vergesellschaftung der wissenschaftlichen Forschungstätigkeit nach sich. Wie W. ULBRICHT ausführt, ist die wissenschaftliche Gemeinschaftsarbeit, die ein Forscherkollektiv durchführt, in dem die verschiedenen in Betracht kommenden Fachgebiete durch hervorragende Vertreter vereinigt sind, die wissenschaftlich-technische Arbeitszelle der Zukunft. Die diesbezüglichen Anregungen sollten daher bei den Geologen ernsteste Beachtung finden.

Auch für die Forscherkollektivs, durch die geologische Fragen behandelt werden, gelten die mahnenden Worte CHRUSCHTSCHOWs[1]):

Das „isolierte und nichtkoordinierte Arbeiten hindert die wissenschaftlichen Kräfte daran, sich auf die Lösung der wichtigsten wissenschaftlichen und technischen Probleme zu konzentrieren, erzeugt ein schädliches Nebeneinander in der Arbeit, führt zur Verschwendung von Mitteln und erschwert die Einführung der Erkenntnisse der Wissenschaft und Technik in die Volkswirtschaft".

STUBBE[2]) weist folgendermaßen auf die Zielsetzung der Gemeinschaftsarbeit hin:

„Worauf es bei der Koordinierung ankommt, ist die Konzentration auf wissenschaftlich und volkswirtschaftlich wichtige Probleme, die vordringlich unter bewußter Zurückstellung weniger bedeutender Aufgaben bearbeitet werden müssen."

Ähnlich drückt sich G. KOSEL[3]) in Anlehnung an KARL MARX aus:

„Das spezifisch wichtigste Mittel zur Erhöhung der Produktivität der wissenschaftlich-technologischen Arbeit ist die Vervollkommnung der Kooperation. Bei der Anwendung der Kooperation geht es ‚nicht nur um Erhöhung der individuellen Produktivkraft', sondern um ‚die Schöpfung einer Produktivkraft, die an und für sich Massenkraft sein muß'[4]). Diese Produktivkraft kann sich nur im großen Kollektiv entfalten."

WALTER ULBRICHT betont, daß es gerade die *sozialistische* Gesellschaftsordnung ist, die den Forscherkollektivs die besten Arbeitsmöglichkeiten und damit die Aussicht auf besonders hohe wissenschaftliche Erfolge eröffnet:

„Ein weiterer, sehr wichtiger Vorzug unserer Ordnung zur Steigerung der Arbeitsproduktivität und zur raschen Ausnutzung der Erkenntnisse der modernen Naturwissenschaft ist die *auf sozialistische Weise* organisierte Zusammenarbeit von Forschern und Wissenschaftlern, die durch keinerlei objektive gesellschaftliche Schranken behindert ist. Die planmäßige komplexe Organisation der wissenschaftlichen Arbeit bedeutet eine zielstrebige Zusammenfassung der Vertreter aller zur Lösung einer wichtigen Aufgabe erforderlichen Fachwissenschaften, bedeutet die Bildung einer Forschergruppe, die gegebenenfalls sowohl den Grundlagenforscher wie den Technologen umfaßt."[5])

Unser Forschungsbereich ist typisch für solche Fachgebiete, in denen Wissenschaft und Technik derart eng miteinander verbunden sind, daß ohne ihre engste Kooperierung moderne wissenschaftliche Erfolge nicht mehr möglich sind. Ohne geophysikalische Messungen, Resultate von Tiefbohrungen, physikalische und chemische Analysen wäre ein geologischer Forschungsversuch heutzutage erfolglos. Man könnte fast meinen, daß KOSEL an die Geologen dachte, als er schrieb:

„Die Durchführung wissenschaftlich-technologischer Forschungen geht besonders intensiv auf jenen Gebieten vor sich, die einen hohen Grad ökonomischer Ausbeutungsmöglichkeit, im besonderen die Ausschöpfung neuer Rohstoff- und Energiequellen versprechen." (S. 42.)

Auch KOSEL wendet sich gegen die „Handwerkelei" und gegen unnötige Parallelarbeiten individuell schaffender Wissenschaftler und stellt deren zersplittertem Wissen und Wirken die Produktivkraft entgegen, die sich aus der planmäßigen Zusammenarbeit in großen Forscherkollektivs entwickelt:

„Nur im Zusammenwirken mit anderen kann das Individuum schöpferisch tätig sein und sich entfalten, nur durch das Zusammenwirken vieler kommt die Wissenschaft voran." (S. 79.)

Ohne solche Kollektivleistungen wäre z. B. die Konstruktion, der Abschuß und die Flugbahnberechnung der Erdsatelliten nicht möglich gewesen. Wenn wir Geologen aus dieser Tatsache lernen, dann heißt das, daß wir uns bei der Erforschung der Lagerstätten und ihres Rohstoffinhaltes nicht mehr lediglich auf unsere eigene Kraft verlassen dürfen. Auch die Hilfe des Mineralogen, Petrographen, Geophysikers, Chemikers und Bohringenieurs genügt beim gegenwärtigen Tempo der industriellen Entwicklung nicht mehr. Der Grad des wissenschaftlichen Fortschrittes wird durch das Beschleunigungstempo des Industrialisierungsprozesses bestimmt. Deshalb müssen wir als Geologen, die in einer sozialistischen Gesellschaft die Lagerstätten und ihre mineralischen Rohstoffe zu finden und zu betreuen haben, den von uns erkundeten mineralischen Rohstoff in seinem Verarbeitungsprozeß mindestens bis zum Halbfabrikat, besser noch bis zum industriellen Werkstoff verfolgen lernen.

In der Sowjetunion ist dies bereits eine Selbstverständlichkeit. THIESSEN[6]) führte hierzu auf der Sitzung der Zentralen Kommission zur Vorbereitung des 40. Jahrestages der Großen Sozialistischen Oktoberrevolution u.a. aus, daß

„der Forscher jeden Ranges nicht verachtet, den Weg seiner Erkenntnisse in der Produktion selbst zu verfolgen und mit den ausführenden Werktätigen die Sorge und Mühe zu teilen ... In der richtigen Verbindung zwischen einem strengen gegenständlichen und zeitlichen Programm der Planung, ihrer beweglichen Durchführung und der horizontal und vertikal tiefgegliederten Gemeinschaftsarbeit ruht im Grunde *das Geheimnis des Erfolges naturwissenschaftlicher Forschungen und Technik in der Sowjetunion*".

Folgen wir diesem Beispiel — auch KAUTZSCH[7]) fordert in unserer Zeitschrift stärkste Koordinierung der verschiedenen geologischen Arbeitsgebiete —, dann erkennen wir, daß wir auch mit dem Bergmann, dem Aufbereitungs- und Hütteningenieur, dem Kraftwerkspezialisten, dem Wasserwirtschaftler, dem Bauingenieur, dem zentralen Planer und den Forschern anderer Wissenschaftszweige in Kollektivs, die den jeweiligen technischen Bedürfnissen angepaßt sind, zusammenarbeiten müssen, um unsere eigenen geologischen und rohstoffmäßigen Kenntnisse weitgehend entwickeln und zum größtmöglichen ökonomischen Nutzen für die Allgemeinheit auswerten zu können. Auf dem Weg der Gemeinschaftsarbeit gelangt man am schnellsten zur Entwicklung der Produktivkräfte innerhalb der sozialistischen Wirtschaft. Das bedeutet speziell für uns Geologen, daß wir so am ehesten zur beschleunigten Erweiterung der *mineralischen Rohstoffbasis* gelangen, die das *wichtigste Fundament* ist, auf dem sich der *gesamte komplizierte Industrialisierungsprozeß* vollzieht. Damit wird innerhalb des sozialistischen Wirtschaftsaufbaus *die planmäßig ausgerichtete, sich auf Arbeitskollektive stützende geologische Forschung zu einer Produktivkraft ersten Ranges.*

[1]) CHRUSCHTSCHOW, N.: Rechenschaftsbericht des Zentralkomitees der KPdSU an den 20. Parteitag. Berlin 1956, S. 111.
[2]) STUBBE, Prof. Dr. Dr. h. c.: Aus dem Referat des Präsidenten der Deutschen Akademie der Landwirtschaften auf der Festsitzung der Akademie. „Neues Deutschland" vom 1. 11. 1957, S. 5.
[3]) KOSEL, G.: Produktivkraft — Wissenschaft. Berlin 1957, S. 81.
[4]) MARX, K.: Kapital I. Berlin 1953, S. 341.
[5]) A. a. O. S. 10.
[6]) THIESSEN: Unerbittliche wissenschaftliche Logik. „Berliner Zeitung, 3. 11. 1957, S. 5.
[7]) KAUTZSCH, E.: Der Forschungsrat der DDR. Z. angew. Geol. 3, 1957, Heft 11/12, S. 489.

KOSEL stellt weiter fest:

„Die Produktionsweise ist der bestimmende Faktor für die Entwicklung der Wissenschaften. Die Wissenschaft wirkt ihrerseits, im Zeitalter der großen Industrie, entscheidend auf die Veränderung der Produktionsweise zurück." (S. 11.) ... „Das Denken, das Kopf-Werk, verleugnete im jugendlichen Hochgefühl seiner Überlegenheit über das Hand-Werk, seine Mutter, die Praxis." (S. 12).

Leider finden wir diese Überheblichkeit noch bei manchen unserer Geologen. KOSEL geißelt mit scharfen, aber sehr treffenden Worten den Individualismus, dem noch Forscher in den verschiedensten Fachgebieten erliegen. Nachdem er einige gute Seiten der Einzelarbeit betont hat, kritisiert er ihre Schwächen:

„Im Negativum erscheint diese Tendenz als individualistisches Aus-der-Reihe-Tanzen, als Arroganz, die alles besser weiß, als Neunmalklugheit, als bornierte Abneigung einiger Wissenschaftler gegen die Organisation der geistigen Arbeit, als eine der Halsstarrigkeit mancher Bauern Neuerungen gegenüber verwandte, generelle Ablehnung effektiver Methoden der kollektiven geistigen Arbeit aus Gründen des Egoismus, persönlicher Eitelkeit oder des Größenwahns." (S. 111).

Zur Frage der kollektiven Kartierung geologischer Karten äußerte sich bereits HUTH[8]) vor längerer Zeit in unserer Zeitschrift:

„Gerade in der geologischen Forschung müssen die Rechte der Gesellschaft gegenüber möglichen individualistischen Übersteigerungen verteidigt werden. — Auch unsere jungen Geologen müssen in der Einsicht gestärkt werden, daß anspruchsvolle Individualisten den Kleinhandwerkern gleichen, deren Arbeitsergebnisse mit denen des Kollektivs, des Großbetriebes nicht lange wettbewerbsfähig bleiben. Nur wer sich bewußt als Teil der Forschermasse erkennt, wird und soll teilhaben an der Lösung der Großaufgaben."

Wir sollten uns sehr ernsthaft bemühen, den Individualisten jeglicher Abart zu helfen, den Weg zur Praxis, als zu der Mutter jeder schöpferischen Forschertätigkeit, zurückzufinden. Nur durch intensive Mitarbeit an Forscherkollektivs, die auch die *Grenzgebiete* der Geologie umfassen, können ihre wissenschaftlichen Anstrengungen unsere Produktionsbasis vergrößern helfen und ihre Bemühungen in der späteren *Gewinnung* von Erzen, Kohle und Energie ihren sichtbaren Kulminationspunkt erreichen. Vornehmstes Ziel des modernen Geologen muß sein, die mineralische Rohstoffbasis zum Nutzen der Allgemeinheit zu vergrößern. Wir wollen also hoffen, daß solche Erscheinungen, wie sie KOSEL schildert, und die uns auch noch hier und da in unserem Fachgebiet begegneten, baldigst der Geschichte angehören werden. Die Organisierung des geistigen Wissensfonds und seine Auswertung durch die kollektive Kraft der besten Wissenschaftler und Forscher der jeweils in Betracht kommenden Fachzweige läßt sich nicht mehr aufhalten, die vergesellschaftete Industrie und das Volkseigentum an den Bodenschätzen zwingt dazu.

Im „Beschluß über Maßnahmen zur Verbesserung der Arbeit auf dem Gebiete der naturwissenschaftlich-technischen Forschung und Entwicklung und der Einführung der neuen Technik" vom 6. Juni 1957[9]) heißt es u. a.:

„Schwerpunkte der naturwissenschaftlich-technischen Entwicklungsarbeit, deren Durchführung der Forschungsrat besonders fördern und überwachen soll, sind:

a) geophysikalische und geologische Erkundung der Bodenschätze und ihre Gewinnung." ...

[8]) HUTH, R.: Gespräch über geologische Kartierung. Z. angew. Geol., 1955, S. 64.

[9]) GBl. der DDR, Teil I, Nr. 56, Berlin 30. 8. 1957, S. 470.

Dieses wichtige Dokument, das unter den Schwerpunktsaufgaben die geologische Erkundung der Bodenschätze an erste Stelle rückt, ist von dem Ministerpräsidenten GROTEWOHL und dem Stellvertreter des Vorsitzenden des Ministerrates SELBMANN unterzeichnet.

„Die Wissenschaft ist zu einem der entscheidenden Faktoren der sowjetischen Planwirtschaft geworden." (KOSEL, S. 47.) Das gleiche müssen auch wir für die geologische Forschung im Bereich der Deutschen Demokratischen Republik erreichen. Das dürfte nicht leicht sein. Bisher werden die ökonomischen Auswirkungen der geologischen Forschung in der DDR vielfach unterschätzt. Es gibt Wirtschaftsfunktionäre, die der Ansicht sind, daß die Technik und nicht die geologische Forschung wirtschaftliche Erkundungserfolge bringt. Dieser falsche und unreale Standpunkt muß überwunden werden. Aus der Wechselwirkung zwischen Technik *und* Geologie entsteht der Erkundungserfolg. Und auch im Bereich der geologischen Tätigkeit ist „die neue Technik" „das Kind der Wissenschaft" (KOSEL, S. 95).

Wie weit wir in der DDR gerade auf dem Gebiet der geologischen Forschung von den Leistungen sowjetischer Wissenschaftler entfernt sind, mögen die folgenden Worte THIESSENs[10]) klarmachen:

„Die Große Sozialistische Oktoberrevolution begründete in der Union der Sozialistischen Räterepubliken ein Staatswesen, das in allen Bereichen seines gesellschaftlichen Denkens und Lebens auf der Wissenschaft beruht. Die sowjetische Gesellschaft stützt sich dabei in einem Umfang auf naturwissenschaftliche Erkenntnisse und ihre Anwendung, der weit über das hinausgeht, was man in der übrigen Welt gewohnt ist. *Naturwissenschaftliches Denken beherrscht die Erziehung in der Schule, auf der Hochschule, in der Technik und in der Politik.*"

„Die wirkungsvollsten Instrumente für die Entwicklung der Naturwissenschaften und alle ihre erfolgreichen praktischen Anwendungen sind in der Sowjetunion *der Plan und die Gemeinschaftsarbeit.* Über die Methodik des Planes in der Naturforschung und in ihren Anwendungen bestanden außerhalb der Sowjetunion viele Mißverständnisse. Diese sind auch heute noch nicht völlig beseitigt; sogar in den Staaten der sozialistischen Gemeinschaft sind sie nicht völlig überwunden. Es ist deshalb nicht überflüssig, immer wieder darauf hinzuweisen, daß die sowjetische Planung in der reinen und angewandten Forschung, in der Technik und in der Wirtschaft *kein starres Schema* ist. Sie verlangt zwar strenge Begrenzung bei der Auswahl und in der Richtung der Schwerpunktprobleme und fordert genauen Gehorsam gegenüber dem gesetzten Zeitprogramm. Sie fordert und ermöglicht indes in der *Durchführung* jene Elastizität, die notwendig ist, um die persönliche Initiative und die folgerichtige Deutung des Zusammenhanges von Ursache und Wirkung auszunutzen. Die Plantechnik der reinen und angewandten Forschung umfaßt daher ebenso die Förderung des *Erwerbens* von Wissen wie dessen sachgemäße *Anwendung.*"

Der Erfolg der sowjetischen Wissenschaft, der maßgebend ist für die erzielbaren Resultate der Forschertätigkeit aller sozialistischen Staatswesen, geht nach THIESSEN auf folgendes zurück:

„Die Ursache liegt in der Anerkennung der Naturwissenschaften als einem ideologischen Fundament gesellschaftlichen Denkens und in der Erziehung zur Gemeinschaftsarbeit."

Um auf weite Sicht geologisch planen zu können, benötigt man eine Analyse der geologischen Erforschtheit der Oberfläche und des Untergrundes der DDR. Zur Herstellung dieser Analyse ist die vorherige Sammlung, Sichtung und Auswertung der vorhandenen geologischen Dokumentation notwendig. Ohne Übersicht über die

[10]) A. a. O., S. 5.

gesammelten Dokumente ist eine wissenschaftlich begründete Analyse unmöglich, ohne Vorliegen der Analyse und ohne ihre Auswertung fehlt jeder weit ausgreifenden Planung das wissenschaftliche Fundament. Diese unabdingbaren Vorarbeiten für die geologische Analyse verrichtet in der Sowjetunion und in den Volksdemokratien der Geologische Fonds (Geofonds). Lediglich bei uns in der DDR gibt es eine solche Einrichtung nicht, was katastrophale Folgen in der Planung und bei der Erweiterung unserer einheimischen Rohstoffbasis nach sich ziehen kann, wenn eine derartige Institution nicht bald ins Leben gerufen wird.

„Die schnelle, teilweise sprunghafte Vorwärtsbewegung der Wissenschaft im Zeitalter der Industrie führte zu einer Unbeständigkeit des Wissens, die sich in dem schnellen Veralten bzw. der kurzen ‚Amortisationsfrist' wissenschaftlich-technischer Bücher kundtut." (S. 43)

Da jedoch „die Natur- und technische Wissenschaft unter den Bedingungen der modernen Industrieproduktion neben den materiellen Arbeitsmitteln zum Ausgangspunkt der Umwälzung der Produktionsweise" (S. 48) geworden ist, ist es dringendes Erfordernis, die Leser unserer Zeitschrift beständig und schnellstens über die neuesten wissenschaftlichen und technischen Fortschritte innerhalb unseres Arbeitsgebietes zu informieren. Wir müssen zunächst feststellen, daß das Tempo, mit dem wir Neuerungen unseren Lesern zur Kenntnis bringen können, viel zu langsam ist. Eine Nachricht, die eine neue wirtschaftliche Beurteilung eines mineralischen Rohstoffes zuläßt, kann, wenn sie erst nach 9 Monaten oder nach noch längerem Zeitraum den Leser erreicht, bereits unaktuell geworden sein. Spätestens 2 Monate nach Vorliegen einer neuen Tatsache müßte sie dem Leser zugänglich sein. Wird dieser Termin überzogen, so geschieht es oft, daß das Gedruckte schon Makulatur ist, ehe es den Leser erreicht hat.

„Das wissenschaftliche Buch in den mannigfaltigen Formen seiner Abfassung und Herausgabe ist ein Maßstab für die Entwicklung der geistigen Arbeitskraft, die Stufe der gesellschaftlichen Kooperation in der geistigen Arbeit. Die Vergesellschaftung der geistigen Arbeit drückte dem modernen wissenschaftlichen Buch seinen Stempel auf." (S. 85).

An die Stelle des fest gebundenen Buches tritt das *mobile* Buch, an die Stelle der von *einem* Autor verfaßten Monographie die von einem Autorenkollektiv angefertigte Enzyklopädie. Mit Recht fragt KOSEL:

„Genügt die traditionelle Form des wissenschaftlichen Buches und die traditionelle Form der Sammlung der wissenschaftlichen Bücher in der Bibliothek modernen Anforderungen an einen vollwertigen und einen schnellen Austausch von Wissen?" (S. 112).

Man muß KOSEL zustimmen, daß die aus fest gebundenen Büchern und Monographien aufgebaute Fachbibliothek modernen Ansprüchen keineswegs mehr genügt, denn:

„In den wissenschaftlich-technischen Büchern der Bibliotheken ist ‚produktives' und ‚archives' Wissen zu ‚getrübtem' Wissen vermengt, sind neue und veraltete Daten, aufeinander abgestimmte und einander sich ausschließende Angaben zu einem Brei verquirlt, wobei dem äußeren Ansehen nach gutes Wissen in keiner Weise von Wissensleichnamen zu unterscheiden ist .... In unzähligen Wiederholungen ist ein und dasselbe Wissensmaterial in Tausenden von Büchern fixiert, den Umfang der Darstellung des Wissens durch parallele Darstellung ins unermeßliche aufblähend." (S.112.) ... „Das Chaos der in den gewöhnlichen Bibliotheken zusammengewürfelten buntschckigen Arbeitsmittel bildet die Grundlage der Produktionstätigkeit des wissenschaftlich-technologischen Arbeiters." (S. 113).

Unsere moderne Fachbibliothek müßte also aus einem „Bibliotheksarchiv" und einem „Bibliothekslaboratorium" bestehen. Im letzteren wären jeweils die Teile mobiler Bücher und Zeitschriften zusammengefaßt, die noch nicht veraltet, also noch nicht archivreif sind. Es ist erfreulich, daß eine Reihe von Zeitschriften, die wie die „Bergbau-Technik" in der DDR erscheinen, bereits dazu übergegangen sind, gerade die neuesten Berichte auf genormten Karteiblättern in einer Beilage zu drucken, wodurch jeder Leser die Möglichkeit hat, sich eine entsprechende aktuelle Kartei selbst zusammenzustellen. Das gleiche müßte in der modernen Fachbibliothek geschehen. Damit nähert sich ihre Arbeitsweise dem des Geologischen Fonds, der gleichfalls die geologischen Dokumente in aktuelle und archivreife Unterlagen unterteilt, sie entsprechend registriert und auswertet. Auch für unsere, unter schmerzhaften Geburtswehen entstandene Zeitschrift gilt leider noch voll und ganz die KOSELsche Kritik:

„Der durch die Fachzeitschrift gebrachte Wissensstoff erscheint in seiner Totalität als amorphe Masse von Wissenschaftsfragmenten, als Gemisch aus allgemein-theoretischen Artikeln, Einzelbeispielen, Konferenzberichten, Buchbesprechungen usw." (S. 123).

Diesen Zustand müssen wir zu überwinden suchen. Bereits vor Jahrzehnten gab die „Zeitschrift für praktische Geologie" in ihrer Beilage „Lagerstättenchronik" einen vom Textteil getrennten Vorläufer des mobilen Zeitschriftenteiles heraus. Es erscheint angebracht, daß unsere „Zeitschrift für angewandte Geologie" einen ähnlichen mobilen Teil, der allerdings modernisiert und den Bedürfnissen der gegenwärtigen Industrie angepaßt werden müßte, herausbringt. Es wäre der Redaktion erwünscht, zu dieser wichtigen Frage der geeigneten Publikationsform und der besten Stoffdarbietung Stimmen aus ihrem Leserkreis zu hören. Durch aktive Tätigkeit der Leser, die doch an einer ausreichenden und schnellen Information in erster Linie interessiert sein müssen — weil ja die letzte Produktionserfahrung den neuesten Stand der angewandten Wissenschaft widerspiegelt —, könnte sich eine fruchtbare Diskussion entwickeln, die im Endresultat in eine echte, breite Kollektivleistung einmünden könnte.

„Das veraltete Buch (— auch die überholte Nachricht einer Zeitschrift — Lge.) dient nicht mehr der Verbreitung progressiver Produktionserfahrung es wird zum Fäulnisherd, zum Bremsschuh des technischen Fortschritts, es hemmt den sozialistischen Aufbau." (S. 121).

Wir haben deshalb die Aufgabe, die Zirkulation des Wissensstoffes zu verbessern und zu beschleunigen. Störungen oder zu langsames Tempo des Umschlags wissenschaftlicher Ergebnisse hemmen nicht nur die Entwicklung der Wissenschaft selbst, die unter allen Umständen zumindesten das kapitalistische Weltniveau erreichen müßte, sondern auch die Fortentwicklung der Produktion. Hoffen wir also, daß wir unsere Zeitschrift baldigst in modernerer Form als mobiles Informationsorgan herausbringen können, damit sie für die in der Praxis tätigen Geologen zu einer Richtschnur kollektiver Zusammenarbeit wird. Damit werden wir unseren Teil dazu beitragen, die geologischen Kenntnisse und mit ihnen die mineralische Rohstoffbasis unserer Industrie zu erweitern.

„Geologische Grundlagen für das Aufsuchen und die Erkundung von Erzlagerstätten“ [1)]

FRIEDRICH STAMMBERGER, Berlin

1.

Der Jahrestag der Großen Sozialistischen Oktoberrevolution hat in den letzten Wochen und Monaten im Mittelpunkt des Interesses der Weltöffentlichkeit gestanden. Er ist unter den mannigfaltigsten Gesichtspunkten gewürdigt worden; nicht zuletzt auch — dank des geglückten Startes der Erdsatelliten — im Hinblick auf die phantastisch anmutende Entwicklung der Sowjetunion aus einem Lande des vorherrschenden Analphabetentums in eine Großmacht des Wissens und der Massenausbildung von Ingenieuren und Gelehrten. Die Zeit ist nicht fern (wenn sie nicht schon vor der Tür steht), in der die Sowjetunion über mehr Geologen und Geophysiker verfügen wird als die ganze übrige Welt zusammengenommen.

Diese breite Basis qualifizierter und hochqualifizierter Geologen hat heute bereits zu erstaunlichen praktischen und theoretischen Ergebnissen geführt: Zweige unserer Wissenschaft, wie z. B. die Lagerstättenerkundung, die bei uns — wie fast überall in der Welt — noch immer als handwerkliches Können, als utilitäre und wenig angesehene Tätigkeit, als „lästiges Beiwerk“ echt wissenschaftlicher Arbeit betrachtet werden, solche Zweige haben sich in der Sowjetunion zu echten — auch für unsere Begriffe — Wissenschaften mit eigener Theorie, Systematik, Methodik usw. entwickelt. Parallel damit und eng mit der Systematisierung, Analyse, Verallgemeinerung und theoretischen Vertiefung der gewonnenen Erfahrung verknüpft (und nirgends in der Welt ist ein Land so intensiv und systematisch geologisch erforscht worden wie die Sowjetunion nach der Oktoberrevolution) ging die wissenschaftliche Spezialausbildung der Erkundungsgeologen. Zehntausende Geologen erhielten in diesen Jahren ihre Qualifikation als Kartierer und Suchgeologen, viele andere Tausende als Erkundungs- oder Betriebsgeologen. Kann auch nur der leiseste Zweifel darüber bestehen, daß diese massenhafte Ausbildung und diese Spezialisierung eine wichtige Voraussetzung für jene Erfolge bei der Entdeckung und Erkundung neuer, zum Teil außergewöhnlicher Lagerstätten waren, von denen wir immer wieder in Meldungen aus der Sowjetunion hören und welche die Geologen der ganzen Welt aufhorchen lassen? Diese Massenausbildung von Erkundungsgeologen ist nicht nur mit der Vervielfachung der vorhandenen Lehrstätten verbunden gewesen, sondern selbstverständlich auch mit der Schaffung des entsprechenden Lehrmaterials. Es entstanden zahlreiche Lehrbücher über Erkundung als Ganzes und zu den wichtigsten Teilfragen der Erkundungstätigkeit, denen — das muß offen zugegeben werden — außerhalb der Sowjetunion nichts Gleichwertiges gegenübergestellt werden kann.

Die „Geologischen Grundlagen ...“ SMIRNOWs rufen bei jedem Geologen ein unbedingtes Gefühl der Hochachtung vor der Leistung des Autors und seiner Kollegen hervor. Dieses Gefühl weckt zugleich bei jedem deutschen Geologen Bedauern darüber, daß wir an dieser Leistung nur geringen Anteil haben. Denn ist es vielleicht Zufall oder böse Absicht des Verfassers, wenn SMIRNOW in seinem Literaturverzeichnis (Umfang etwa 12 Seiten) rund 70 nichtsowjetische Verfasser erwähnt und darunter *nur zwei deutsche* (O. OELSNER und G. RICHTER)? Oder zeugt es von mangelnder Kenntnis der deutschen Fachliteratur, wenn SMIRNOW in der Einführung mit berechtigtem Stolz auf die überragende Leistung der sowjetischen Lagerstättenkundler verweist, welche einzigartige Zusammenfassungen für eine rationelle und wissenschaftlich orientierte Erkundungstätigkeit lieferten, dabei zwar die gehaltvollen Arbeiten von rund 20 Autoren des Auslandes auf wichtigen Teilgebieten erwähnt, unter diesen jedoch nur einen einzigen deutschen Namen[2)] für das Gebiet der Vorratsberechnung nennt?

Wie ist es zu erklären, daß die deutsche geologische Literatur international gesehen eine so unbedeutende Rolle auf dem Gebiet der Lagerstättenerkundung spielt? Nicht damit, daß bei uns wenig oder nur mangelhaft gearbeitet wird. Könner auf diesem Gebiet gibt es auch bei uns (OELSNER, LEUTWEIN u. a.). Die Ursache ist in der fehlenden theoretischen Analyse und Verallgemeinerung der vorliegenden Erfahrung zu suchen. Und das hat wiederum seinen Ursprung darin, daß von unseren Geologen zu sehr das Besondere, das Individuelle der einzelnen Lagerstätten und ihrer Probleme betont wird, wodurch zwangsläufig allgemeine Schlußfolgerungen und allgemeingültige Grundsätze ausgeschlossen werden.

2.

Ein Buch, wie das vorliegende SMIRNOWsche, ist natürlich nicht nur als geglücktes Ergebnis eines „großen Wurfes“ zu werten. Es wäre unmöglich, wenn neben der vorhandenen praktischen Erfahrung nicht bereits theoretische Vorarbeit von anderen geleistet worden wäre.

Im Laufe der verflossenen 40 Jahre mußte sich auch die sowjetische Erkundungsgeologie suchend und tastend, das Erreichte kritisch überprüfend, nicht immer ohne Schwankungen und Fehlschläge, ihren Weg suchen. Um so überzeugender ist nunmehr das, was uns in den sowjetischen Richtlinien, Instruktionen, Lehrbüchern usw. entgegentritt.

Von den in den letzten 25 Jahren in der Sowjetunion erschienenen Zusammenfassungen des geologischen Erkundungswissens haben bei der Heranbildung neuer Kader neben den Arbeiten von B. S. DOMAREW (1931, 1946), N. W. BARYSCHEW (5 Teile — 1934, 1935, 1937) u. a. vor allem drei Werke eine Rolle gespielt:

1. Die zweibändige Ausgabe (1934 und 1937) des „Lehrkurs des Erkundungswesens“ von S. W. KUMPAN u. a.
2. M. W. KREJTERs umfassendes Werk „Das Aufsuchen und die Erkundung nutzbarer Bodenschätze“ (1940).
3. W. I. SMIRNOWs „Geologische Grundlagen für das Aufsuchen und die Erkundung von Erzlagerstätten“ (1954).

---

1) Unter diesem Titel erschien von W. I. SMIRNOW die zweite, verbesserte und ergänzte Ausgabe eines Leitfadens der Erkundungsgeologie. [Verlag der Moskauer Universität, Moskau, 1957 (russisch). 587 Seiten mit 324 Abbild. u. 81 Tabellen. Ganzleinen. Großoktav. Preis: 18,10 Rubel.]

2) (F. STAMMBERGER) D. R.

An diesen Werken — die beiden ersten sind leider in Deutschland völlig unbekannt geblieben und fehlen in den Fach- und Hochschulbibliotheken der DDR — kann zugleich die Entwicklung auf diesem Gebiet recht gut verfolgt werden.

KUMPAN legte das Hauptgewicht noch auf die bergmännische Erkundung, behandelte sehr ausgiebig die technische und bergtechnische Seite; die eigentliche moderne Erkundungstechnik, Fragen der Systematik und Methodik kommen bei ihm nach unserem Ermessen zu kurz. KUMPANs Buch entspricht einem Niveau der Erkundungstätigkeit, das man nur mit Vorbehalten als wissenschaftlich bezeichnen möchte. Dieses Niveau entspricht etwa dem, was bei uns heute noch vereinzelt angetroffen werden kann, von den Könnern der Praxis und den führenden Wissenschaftlern jedoch bereits weit überholt wurde. KREJTERs sehr umfangreiches Werk war zweifellos das erste umfassende, echte Erkundungslehrbuch, das neben kurzen technischen Angaben das Hauptaugenmerk auf die Systematik der geologischen Voraussetzungen der Erkundung richtete. Neben der Gruppierung der Lagerstätten im Hinblick auf ihre geologische Erkundung schuf KREJTER das Gerüst für die Ausarbeitung der wichtigsten Erkundungssysteme, gab zum ersten Male ökonomische Grundlagen für die Erkundung und Bewertung von Lagerstätten (zum Teil in polemischer Auseinandersetzung mit HOOVER). KREJTER führte auch als erster die mathematische Statistik als Arbeitswerkzeug des Erkundungsgeologen in ein Lehrbuch des Erkundungswesens ein. Es ist daher nur verständlich, wenn dieses Buch, von dem leider keine zweite (natürlich ergänzte und bearbeitete) Auflage erschienen ist, in der sowjetischen Erkundungsgeologie eine tiefe Spur hinterließ. Wohl wenige der lebenden sowjetischen Erkundungsgeologen — von der ältesten Generation vielleicht abgesehen — haben nicht den Einfluß dieser gründlichen Arbeit auf sich verspürt und sind dem Verfasser und seinen Mitarbeitern hoch verpflichtet.

Daran ändert auch die Tatsache nichts, daß gewisse Partien zu breit angelegt waren, vor allem jene Abschnitte (z. B. die „Monographie“ über die gebräuchlichsten und zweckmäßigsten Schaufeln und Hämmer), die mehr als ausreichend in den speziellen Lehrbüchern für „Feldgeologie“ behandelt werden.

Allen Zweiflern und Skeptikern war nach dem Erscheinen von KREJTERs Buch klar, daß sich die geologische Erkundung zu einer selbständigen wissenschaftlichen Disziplin entwickelt hatte.

Der große zeitliche Abstand zwischen dem Erscheinen der Bücher KREJTERs und SMIRNOWs ist nicht nur auf die schweren Kriegsjahre zurückzuführen. Auch in diesen Jahren, wie in den Jahren des Wiederaufbaus der zerstörten Städte, Dörfer und Betriebe, wurden außerordentlich wichtige Forschungen durchgeführt, z. B. A. G. BETECHTIN über Manganlagerstätten [1946] und N. M. STRACHOW über sedimentäre Eisenlagerstätten [1947]) sowie geologische Erkundungen im Ural, in Kasachstan, Mittelasien und Sibirien auf Schwarz-, Bunt- und seltene Metalle zum Abschluß gebracht.

Der große zeitliche Abstand (14 Jahre) zwischen dem Erscheinen beider Bücher erklärt sich auch durch die Geschlossenheit der KREJTERschen Arbeit, die als erschöpfende Auswertung des bis dahin gesammelten Materials und der vorliegenden Erkenntnisse zunächst einen vorläufigen Schlußstrich zog.

3.

Eine systematische Darlegung des modernen geologischen Erkundungswesens muß drei bis vier wesentliche Seiten beachten: seine geologischen Grundlagen, seine technischen Mittel, seine Methodik und Ökonomik. KUMPAN hatte im wesentlichen die ersten beiden behandelt, bei Betonung der zweiten. KREJTER legte das Hauptgewicht auf die erste Seite und entwickelte die Methodik und Ökonomik, wobei die Technik stark zurücktrat. SMIRNOW beschränkt sich wesentlich auf die erste und behandelt die Methodik nur in bezug auf die geologischen Belange. Die Aussonderung der technischen Mittel war nicht nur möglich, sondern auch notwendig, weil diese Probleme bereits in speziellen Lehrgängen auf den Hochschulen behandelt wurden und selbständige Lehrbücher entwickelt worden waren. Die Ökonomik der geologischen Erkundung dagegen ist auch in der Sowjetunion heute ein noch unvollkommen erforschtes Gebiet. Bei seiner Ausarbeitung stößt man wie bei uns auf die Schwierigkeit, daß die Ökonomisten nicht genug Geologen sind und die Geologen ihrerseits nicht tief genug in die ökonomischen Probleme eingedrungen sind.

SMIRNOW hätte vielleicht in seinem Buche auch auf die Behandlung solcher Fragen wie Bemusterung und Vorratsberechnung verzichten können, da hierüber eine Reihe vortrefflicher Einzelarbeiten vorliegen (JAKSHIN 1954, PROKOFJEW 1953, ALBOW 1952, SMIRNOW 1950 u. a.). Andererseits erhält SMIRNOWs Buch durch die Einbeziehung auch dieser Probleme größere Geschlossenheit. Der Titel des SMIRNOWschen Buches bringt nicht nur die Akzentuierung der geologischen Seite zum Ausdruck, er betont auch die Beschränkung des Themas auf Erzlagerstätten. SMIRNOW wies schon im Vorwort zur ersten Auflage darauf hin, daß die Behandlung des Themas für alle mineralischen Rohstoffe heute die Kräfte eines Einzelnen übersteigt.

SMIRNOWs Buch besteht aus vier Hauptteilen: 1. Das Aufsuchen von Erzlagerstätten (rund 275 Seiten). 2. Die Erkundung von Erzlagerstätten (rund 80 Seiten). 3. Die Bemusterung und die geologische Dokumentation von Erzlagerstätten (rund 80 Seiten). 4. Die Vorratsberechnung von Erzlagerstätten (rund 100 Seiten). Diesen Hauptteilen, die sich in Abteilungen, diese wiederum in Kapitel gliedern, wird ein kurzer geschichtlicher Überblick über die Entwicklung der geologischen Erkundung in der Sowjetunion vorausgeschickt, nachdem die volkswirtschaftliche Bedeutung der Erkundung von Erzlagerstätten gestreift worden ist. Die Gruppierung der geologischen Erkundung in Etappen und Perioden nimmt bei SMIRNOW zwei Druckseiten ein, d. h. unterscheidet sich von deutschen Veröffentlichungen zu dieser Frage durch eine wohltuende Kürze und Prägnanz.

Im Anhang des Buches ist die sowjetische Richtlinie wiedergegeben, die bei der Einreichung von Vorratsberechnungen an die Staatliche Vorratskommission zu beachten ist. Vielleicht wäre es zweckmäßig gewesen, diese Richtlinie durch jene zu ersetzen bzw. zu ergänzen, die in der Sowjetunion für die Projektierung von geologischen Such- und Erkundungsarbeiten verbindlich sind (die Anweisungen für die Ausarbeitung der sogenannten „geologischen Projekte“, bei uns bekannt als „Methode STOWPOWOJ“).

Anlage und Inhalt der Hauptteile sind für die deutschen Geologen deshalb noch interessant und wichtig, weil die Herausgabe ähnlicher Bücher bei uns ebenfalls auf der Tagesordnung steht. (Rezensent hatte die Möglichkeit, Einblick in vorliegende Entwürfe und Dispositionen zu nehmen, die leider vom Niveau der sowjetischen Veröffentlichungen stark abfallen.)

Der erste Hauptteil — das Aufsuchen von Erzlagerstätten — besteht bei SMIRNOW aus sieben, verschieden umfangreichen Abteilungen:

1. Die industriellen Typen der Erzlagerstätten.
2. Geologische Voraussetzungen für Sucharbeiten.
3. Einige Gesetzmäßigkeiten in der Verteilung von Erzlagerstätten und die Darstellungsarten von Karten der Erzführung.
4. Leitmerkmale für das Aufsuchen.
5. Die Sucharbeiten auf zutage ausgehende Lagerstätten.
6. Das Aufsuchen von Lagerstätten, die nicht an der Erdoberfläche ausstreichen.
7. Die Einschätzung einer Lagerstätte nach ihrem Anstehenden.

Eine nähere Betrachtung dieser Abteilungen zeigt den logischen und induktiven Aufbau des Buches: Man muß wissen, welche (für die Industrie interessanten) Lagerstättentypen es gibt, wenn man sie suchen will. Man muß weiter wissen, an welche geologischen Voraussetzungen sie gebunden sind, damit für jede gegebene geologische Situation entschieden werden kann, welche Lagerstätten unter diesen Umständen überhaupt möglich sind. Wenn Klarheit hierüber vorliegt, hilft die Kenntnis gewisser allgemeiner Gesetzmäßigkeiten in der Verteilung von Erzlagerstätten bei der Entscheidung, welcher Rohstoff wo zu suchen ist. Besonders wichtig ist in diesem Falle, die „Spuren lesen" zu können, welche die Lagerstätten an der Oberfläche hinterlassen haben, damit man sich von diesen zur Lagerstätte selbst hinleiten lassen kann.

Heute verfügt der Geologe über ein ganzes wissenschaftliches Arsenal an Wissen und Methoden, mit deren Kenntnis er eine Lagerstätte oft viele Kilometer vom Anstehenden entfernt aufspürt, sich Schritt für Schritt zur Lagerstätte herantastet und sie schließlich eindeutig feststellt. Die Darstellung dieser Methoden und ihre Anwendung auf die zwei Grundtypen der in der Natur angetroffenen Verhältnisse — ausbeißende und verdeckte Lagerstätten — ist für die Aneignung der modernen Suchmethodik außerordentlich wichtig, ebenso wie das Einschätzen einer Lagerstätte nach dem Anstehenden hinsichtlich ihres Aushaltens im Fallen und Streichen.

Mancher Leser dürfte dazu neigen, den eingeräumten Umfang des ersten Hauptteiles trotz der Wichtigkeit und Bedeutung der behandelten Probleme für zu groß zu halten. Er könnte sich z. B. auf den Standpunkt stellen, daß der Student (und der Geologe) die industriellen Lagerstättentypen von der Lagerstättenkunde her kennen müßte. In gewisser Weise könnte das auch zu den einzelnen Kapiteln der zweiten Abteilung gesagt werden. Andererseits spielen jedoch diese Fragen (wie z. B. die geologischen Strukturen für das Aufsuchen endogener Lagerstätten) bei den praktischen Sucharbeiten eine so große Rolle, daß eine Beschränkung des Stoffes wohl eher dem Buche zum Nachteil gereichen würde. Um sich hiervon zu überzeugen, empfiehlt es sich, die entsprechenden SMIRNOWschen Darlegungen zu studieren. In dem erwähnten Falle behandelt er zunächst Strukturen, die sich vor der Vererzung gebildet haben, und zeigt ihren Einfluß auf die Bewegungsrichtung der später eindringenden erzführenden Lösungen. Die Häufung von Erzlagerstätten längs tiefgehender Bruchlinien, Erzgürtel am Rande der Tafeln und anliegender Faltungsgebiete finden ihre anschauliche Erklärung. Anschließend wird eine auf KREJTER zurückgehende Klassifizierung der erzführenden Strukturen und eine lange Reihe von Beispielen aus allen Ländern der Welt gegeben. Sehr ausführlich wird dann die Auswirkung von Strukturveränderungen während der Vererzung beschrieben. SMIRNOW schließt dieses Kapitel mit einer Beschreibung der Veränderungen des Erzkörpers, welche durch strukturelle Komplikationen nach der Formierung des Körpers eintreten. Zu lang? Keineswegs. Das kann auch für einzelne Abteilungen als Ganzes gesagt werden. Es wäre z. B. sehr zu wünschen, daß die nicht zutage ausgehenden Lagerstätten innerhalb des ersten Hauptteils eine noch eingehendere Behandlung erfahren würden. Schließlich handelt es sich dabei um jene Lagerstätten, die in allen Ländern eine immer größere Bedeutung für die Erweiterung der Rohstoffbasis erlangen und in solchen Ländern wie Deutschland seit Jahren das Hauptobjekt der geologischen Forschung sind.

Der zweite Hauptteil des Buches ist der geologischen Erkundung gewidmet. SMIRNOW teilt ihn in vier Abteilungen ein:

1. Allgemeine Grundlagen der Erkundungsarbeiten.
2. Das geologische Studium der oberflächennahen Teile der Lagerstätte.
3. Allgemeine Grundlagen der Vorratsklassifikation.
4. Die Erkundung der verschiedenen Erzlagerstättentypen.

Von diesen Abteilungen ist die erste das Kernstück, bestehend aus fünf Kapiteln. Im ersten behandelt SMIRNOW die drei Etappen der Erkundung (Vorerkundung, eingehende Erkundung und betriebliche Nacherkundung) und kurz die technischen Mittel zu ihrer Durchführung. Im zweiten Kapitel werden die Faktoren behandelt, die auf die Wahl — Erkundung mit Hilfe von Bohrungen oder bergmännischen Arbeiten — Einfluß haben. Neben ökonomischen handelt es sich vor allem um bergtechnische und geologische Faktoren. SMIRNOW kommt zu folgender Schlußfolgerung: „Je komplizierter und veränderlicher die Form des Erzkörpers ist, je geringer seine Ausmaße, der Koeffizient der Erzführung und je größer der Grad der Ungleichmäßigkeit in der Verteilung des Metalls im Erz ist, um so größere Bedeutung erhalten bei der Erkundung von Lagerstätten die bergmännischen Arbeiten und um so geringere die Bohrarbeiten." Im dritten Kapitel werden die Erkundungssysteme behandelt, im vierten die Anordnung der bergmännischen Baue und Bohrungen und die Reihenfolge ihrer Durchführung. Die Abstände zwischen den bergmännischen Bauen bzw. Bohrungen sind Gegenstand der Betrachtung des fünften Kapitels.

Die Grundlagen der Vorratsklassifikation müssen ebenfalls gestreift werden, damit der Begriff der Vorratsklasse bzw. -kategorie verständlich wird. In der vierten Abteilung dieses Hauptteils wird eine Gruppierung der Lagerstätten hinsichtlich ihrer geologischen Erkundung vorgenommen, um für jede Gruppe anschließend einheitliche Erkundungsmethoden auszuarbeiten. Die diesbezüglichen Gedanken und Ergebnisse sind bereits nach der ersten Ausgabe des SMIRNOWschen Buches in einzelnen deutschen Veröffentlichungen[3]) dargelegt worden, zum Teil ausführlich zitiert. Sie können als dem deutschen Geologen bekannt vorausgesetzt werden. SMIRNOW gibt anschließend für jede seiner Lagerstättengruppen eine Reihe instruktiver Beispiele und geht abschließend auf Seifenlagerstätten ein.

Sehr inhaltsreich ist der dritte Hauptteil, soweit er die Bemusterung betrifft. Neben der sowjetischen wird sehr ausführlich die amerikanische Praxis behandelt. Deutsche Arbeiten sind leider nicht berücksichtigt worden, obwohl wir auf diesem Gebiet einige gute Veröffentlichungen aufweisen können. So ist SMIRNOW anscheinend die hervorragende westdeutsche Arbeit „Analyse der Metalle Bd. III" unbekannt geblieben.

Die geologische Dokumentation, die zweite Abteilung dieses Teils, wird verhältnismäßig kurz behandelt. Es werden nur die wichtigsten Hinweise gegeben. Für den deutschen Leser müßte dieser Teil viel eingehender gehalten sein. Die vorliegende kurze Fassung ist wohl darauf zurückzuführen, daß die entsprechenden sowjetischen Instruktionen so skrupulös sind, die Vorschriften bereits so tief in die Praxis eingedrungen sind, daß sich eine breitere Behandlung dieser Fragen für den sowjetischen Leser erübrigt. Auf jeden Fall ist jedoch zu bedauern, daß in diesem bzw. dem vorhergehenden Hauptteil neuere sowjetische Arbeiten nur ungenügend berücksichtigt werden konnten. Man denke z. B. nur an den ausgezeichneten Aufsatz „Die Veränderlichkeit der Vererzung und die Dichte der Beobachtungen bei der Erkundung und Bemusterung" von KALLISTOW (1956). Eine Ergänzung in dieser Richtung könnte nach Meinung des Rezensenten dem Buch nur zum Vorteil gereichen.

Die Vorratsberechnung und damit verbundene Probleme machen den Inhalt des letzten Hauptteils aus. Es handelt sich hier um die Quintessenz des ausführlicheren Werkes SMIRNOWs „Die Vorratsberechnung mineralischer Rohstoffe" (1950), von dem — wie wir erfahren haben — gegenwärtig ebenfalls eine neue, zweite Ausgabe vorbereitet wird. SMIRNOW gibt in dem hier rezensierten Werk in gedrängter Form alles Wichtige, was der Geologe bei Erzlagerstätten zu beachten hat, zum Teil ergänzt durch die Ergebnisse der PROKOFJEWschen Arbeiten auf diesem Gebiet.

[3]) Siehe F. STAMMBERGER: „Welche Methoden der Vorratsberechnung sind dem Praktiker zu empfehlen?" Z. angew. Geol. 1955, Heft 3/4.

4.

SMIRNOWs „Geologische Grundlagen ..." werden ihm unter den deutschen Geologen neue Freunde schaffen. Das große Ansehen, das dieser Forscher besonders unter den Geologen der DDR genießt, wird durch das vorliegende Werk verstärkt und vor aller Welt gerechtfertigt. Es wäre zu wünschen, daß sich einer unserer Verlage an die — für den deutschen Leser zweckmäßigerweise etwas bearbeitete — Übersetzung dieses Standardwerkes der geologischen Erkundung wagen und seine Herausgabe in deutscher Spache beschleunigt organisieren würde. Dies ist um so mehr zu wünschen, als damit eine fühlbare Lücke unserer geologischen Literatur geschlossen werden könnte.

Die von der StGK und der ZVK begonnene „Schriftenreihe des praktischen Geologen", in der auch Schriften über die Methodik der geologischen Erkundung und die Bemusterung vorgesehen sind, könnte eine Art Einführung in die etwas komplizierteren Betrachtungen SMIRNOWs sein. Da diese Schriften elementar gehalten und zugleich instruktiv sein müßten, kann in ihnen kaum Raum für Diskussionen und Erörterungen strittiger Probleme sein. Das sollte späteren Arbeiten vorbehalten bleiben, die sich auf größere, eigene praktische Erfahrung und ihre theoretische Bearbeitung stützen müßten, oder der hier vorgeschlagenen Übersetzung der SMIRNOWschen „Geologischen Grundlagen" für das Aufsuchen und die Erkundung von Erzlagerstätten".

Ein Versuch zur Berechnung der Untergrenze der Eisenquarzite nach den Unterlagen der gravimetrischen Erkundung [1])

S. A. KRUTICHOWSKAJA, Kiew

Bis heute werden die Ergebnisse der geophysikalischen Untersuchungen zur Ermittlung der Untergrenze der Eisenquarzite, d. h. zur Bestimmung der Lagerungstiefe und der Strukturform des sedimentär-metamorphen Komplexes, noch ungenügend ausgewertet. Die Lösung dieser Aufgabe besitzt nicht nur für die Erkennung des Aufbaus des tieferen Untergrundes und der Strukturformen der Eisenquarzite große Bedeutung, sondern auch für eine angenäherte Vorratsschätzung der einzelnen Eisenquarzitlagerstätten.

Uns sind mehrere Arbeiten bekannt, die sich mit der Bestimmung der Untergrenze der Eisenerzschichten nach den Unterlagen der magnetischen Aufnahmen befassen (KASANSKIJ & SUSLENNIKOW 1948; KOSTIZYN 1924; LOGATSCHOW 1940). Auf die Möglichkeit, Schwerebeobachtungen auszuwerten, um eine Vorstellung über die Tiefenstruktur des sedimentär-metamorphen Komplexes zu gewinnen, hat G. A. GAMBURZEW im Jahre 1930 erstmalig hingewiesen. Für die Eisenquarzite von Kriwoj Rog wurden 1928 von N. I. SWITALSKIJ die Ergebnisse der Pendelmessung bei der Bestimmung der Struktur der Eisenerzschicht angewandt. Ein Versuch zur Anwendung von Schwerebeobachtungen, um quantitative Aussagen über die Untergrenze der Eisenquarzite im südlichen Teil des Beckens von Kriwoj Rog machen zu können, wurde 1945 von S. I. SUBBOTIN unternommen. Die Berechnungen wurden anhand der Gradientenkurven ausgeführt.

In den Jahren 1954 und 1955 stellten wir Berechnungen über die Eintauchtiefe der Synklinalstruktur des Eisenerzkomplexes für eine der intensivsten Anomalien im nördlichen Teil des Kriwoj Roger Beckens — die Anomalie von Krementschug — an. Durch diese Berechnungen konnten Unterlagen über die Teufe der Untergrenze der Eisenquarzite und gewisse allgemeine Vorstellungen über Bau und Tektonik der gesamten Zone der sedimentär-metamorphen Gesteine im Bereich der Anomalie gewonnen werden. Die magnetische Anomalie von Krementschug, die nördlichste Anomalie des

[1] Aus „Erkundung und Lagerstättenschutz" (russisch), Nr. 11, 1956.

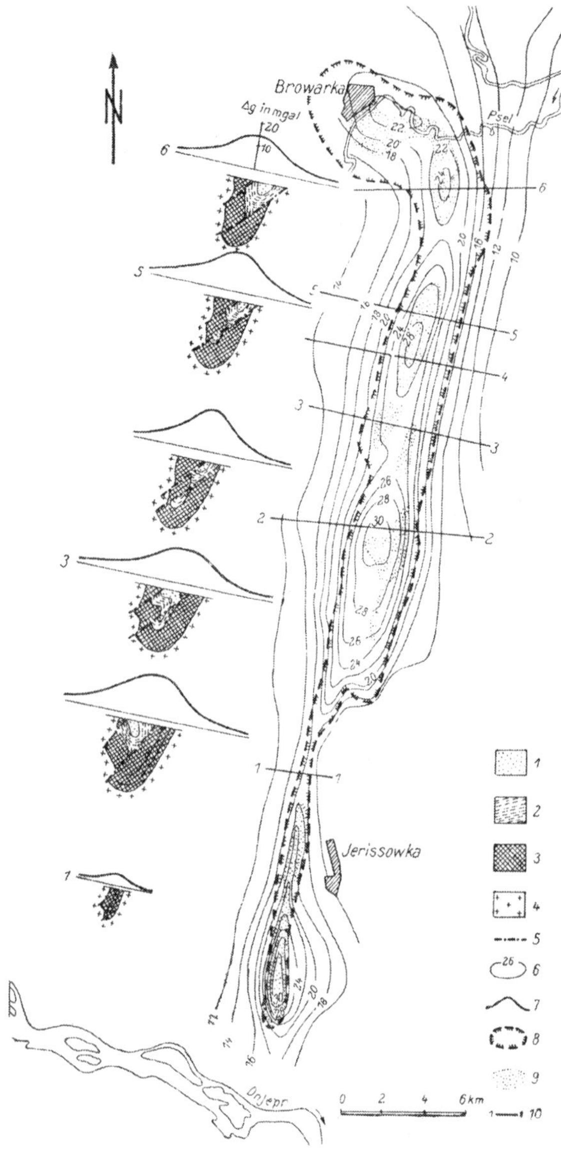

Abb. 1

1 – Sandsteine, Schiefer, Mikroquarzite und Dolomite der oberen Abteilung der Kriwoj Roger Serie ($\sigma_{übersch.}$ = 0,1 – 0,2 g/cm³); 2 – untere und mittlere Schichten der oberen Abteilung ($\sigma_{übersch.}$ = 0,5 – 0,55 g/cm³); 3 – nicht untergliederte Eisenquarzite und Schiefer der mittleren und unteren Abteilung ($\sigma_{übersch.}$ = 0,35 – 0,70 g/cm³); 4 – Granite und Gneise; 5 – Brüche; 6 – Isanomale der Schwerkraft nach der BOUGER Reduktion; – berechnete Kurve Δg; 8 – Grenze der magnetischen Anomalie in der Feldstärke + 1000 γ; 9 – Zonen magnetischer Maxima; 10 – Rechenprofile

Kriwoj Roger Beckens, wurde 1928 durch die Vermessungen von A. A. STRONA (1939) festgestellt. Maximalwerte von Z_a (70000 – 80000 Gamma) beobachtet man im südlichen Teil, wo die Mächtigkeit der den Eisenerzkomplex überdeckenden Sedimente gering ist. Im Vergleich mit dem Zentralteil der Anomalie (10000 bis 15000 Gamma) steigt seine Intensität auch im nördlichen Teil (bis 25000 Gamma) an, obwohl sich der oberste Rand der präkambrischen Gesteine hier in einer Teufe von 500 – 600 m befindet, entsprechend dem allgemeinen Eintauchen des präkambrischen Sockels nach der Seite der Dnjepr-Donez-Senke hin.

Durch die nachfolgenden Drehwaage- und Gravimetermessungen wurde auch das Schwerefeld der Anomalie eingehend untersucht.

Abb. 1 zeigt, daß die Grenzen der Schwere- und der magnetischen Anomalie zusammenfallen. Darüber hinaus kommen auch die einzelnen Schweremaxima auf dem Untergrund der magnetischen Anomalie entsprechend zur Geltung. Dies zeugt davon, daß beide Anomalien durch die Eisenquarzite bedingt werden, und daß es infolgedessen möglich ist, die Ergebnisse der gravimetrischen Vermessung zur Berechnung der Untergrenze der Eisenquarzite zu verwenden.

Die im Bereich der Anomalie durchgeführten geologischen und geophysikalischen Erkundungsarbeiten ergaben, daß die Eisenquarzite eine Anzahl isolierter Schichten mit Mächtigkeiten von 300 – 350 m bilden, die durch Schieferpakete voneinander getrennt werden. Diese Serie der metamorphen Schiefer- und Eisenquarzite wird analog der Kriwoj Rog-Serie der weiter südlich gelegenen Rayons von M. N. DOBROCHOTOW (1955) in drei Abteilungen (Untere, Mittlere und Obere) untergliedert, die sich nach dem Charakter der sie zusammensetzenden Gesteine unterscheiden.

Die Mächtigkeit der Unteren Abteilung, die im wesentlichen aus Arkosesandsteinen und Phylliten besteht, beträgt nicht mehr als 200 – 300 m. Die größte Mächtigkeit (1200 m) besitzt die Mittlere Abteilung. In ihr treten vier durch Schiefer voneinander getrennte Eisenerzhorizonte auf. Die obere Abteilung gliedert M. N. DOBROCHOTOW in drei Schichten — untere, mittlere und obere. Die Gesamtmächtigkeit beträgt etwa 1000 m. Die untere und die obere Schicht bestehen im wesentlichen aus Arkosesandsteinen, Mikroquarziten und Schiefern. Die mittlere Schicht besteht vorwiegend aus Magnetitquarziten mit untergeordneten Zwischenlagen von Magnetit-Cummingtonit-Schiefern.

Im Bereich der Anomalie bilden die Gesteine des sedimentär-metamorphen Komplexes eine große Synklinalfalte, die sich in nordöstlicher Richtung erstreckt. Ihr Bau ist im südlichen Teil der Anomalie verhältnismäßig gut untersucht, sowohl durch geophysikalische als auch durch geologische Erkundungsarbeiten. Die Vorstellungen über die Tektonik des Eisenerzkomplexes in der nördlichen Hälfte der Anomalie gründen sich bis jetzt nur auf die Ergebnisse der geophysikalischen Untersuchungen. Diese Untersuchungen ergaben, daß das Abklingen der Anomalie im Norden wie auch im Süden durch die Hebung der Faltenumbiegung bedingt ist, denn weiter nach Norden lassen sich keine Eisenerze mehr verfolgen.

Die hier durch gravimetrische und magnetische Beobachtungen ausgesonderte Schicht eisenhaltiger Gesteine, mit einer Mächtigkeit von 700 – 1200 m, stellt den nach Osten überkippten westlichen Schenkel der Falte dar. Ihr östlicher Schenkel tritt weiter südlich auf und erreicht nur die halbe Mächtigkeit im Vergleich zum zentralen Teil der Anomalie, da er im Norden durch eine Überschiebung abgeschnitten wird. Diese Störung läßt sich geophysikalisch fast über den ganzen Bereich der Anomalie verfolgen. In einer Reihe von Punkten wurde ihre Lage durch Bohrungen genauer bestimmt. Westlich von ihr läßt sich eine zweite Störung verfolgen, die die Verbreitung der eisenhaltigen Gesteine des westlichen Faltenschenkels begrenzt.

Wie die niedergebrachten Bohrungen ergaben, werden die Gesteine der metamorphen Serie an dieser Überschiebungslinie von Gneisen und Graniten überdeckt. Diese wiederum werden neben Amphiboliten (im südlichen Teil der Anomalie) von Gesteinen der Eisenerzformation unterlagert. Daher besitzt die Falte im gesamten Bereich der Anomalie asymmetrischen Charakter und läßt nur an ihren Umbiegestellen (im südlichen und im zentralen Teil der Anomalie) ein verhältnismäßig vollständiges Profil erkennen.

Aus den oben angeführten Daten geht hervor, daß für das Gebiet der Anomalie genügend begründete Vorstellungen über die Struktur des betrachteten Komplexes vorhanden sind; jedoch blieb der Charakter des Abtauchens in die Tiefe ungeklärt und man kann sich nur auf allgemeine Überlegungen stützen, insbesondere auf Angaben über die Mächtigkeit der einzelnen Schichten, obwohl diese Mächtigkeiten recht stark schwanken. Zur Ermittlung der Untergrenze des Auftretens von Gesteinen der Kriwoj Rog-Serie wurden Schwerebeobachtungen an einigen Profilen durchgeführt, deren Länge 4—5mal so groß war wie die horizontale Mächtigkeit des Eisenerzkomplexes. Daher kann der Einfluß der die Anomalie hervorrufenden Massen am Anfangs- und Endpunkt der Profile praktisch gleich Null gesetzt werden.

Die Eliminierung des Regionalgradienten erfolgte an den Endteilen der Profile, wo die Schwerkraftgradienten sehr klein sind und die Kurve Δg bei Verbindung dieser Punkte mit geraden Linien fast gradlinig verläuft und sich asymptotisch der Achse nähert. Der Wert des Regionalgradienten liegt im Durchschnitt bei 0,3 bis 0,4 mgal/km.

Bei der Interpretation wurde eine solche Schichtstruktur der Eisenquarzite gewählt, deren Schwereeffekt sich mit der nach Abzug des regionalen Einflusses erhaltenen Kurve Δg im Profil mit einer Genauigkeit von $\pm$ 0,2—0,4 mgal/km deckt. Die Berechnung des Struktureffektes erfolgte mittels der Strichplatte, die von G. A. GAMBURZEW für die Bestimmung von Δg im Falle zweidimensionaler Körper vorgeschlagen wurde (SOROKIN 1951, S. 339).

Wie B. A. ANDREJEW (1950) gezeigt hat, ist die Anwendung der Formel für zweidimensionale Körper in diesem Fall vollkommen begründet.

Für eine angenäherte Bestimmung der Lagerungstiefe der Untergrenze der Eisenquarzite und ihres Charakters wurde ebenfalls ein von G. A. GAMBURZEW vorgeschlagenes Verfahren verwendet (GAMBURZEW 1930). Hierbei wurde folgendes berücksichtigt: die Lagerungstiefe der Oberkante des Eisenerzkomplexes war auf Grund von Bohrungen und seismischen Erkundungsarbeiten nach dem KMGW-Verfahren bekannt; die horizontale Mächtigkeit des gesamten sedimentärmetamorphen Gesteinsverbandes und der einzelnen Eisenquarzitschichten war ebenfalls auf Grund der Ergebnisse von gravimetrischen und magnetischen Messungen bekannt, die im südlichen Teil der Anomalie durch Erkundungsarbeiten noch präzisiert worden waren, und schließlich war die Dichte der einzelnen Erz- und Schieferhorizonte der Synklinalstruktur, ferner auch die Dichte der sie umgebenden alten Gneise und Granite durch eine große Zahl von Bestimmungen (etwa 5000) zuverlässig ermittelt worden.

Unbekannt blieb nur der Charakter der Massenverteilung in der Tiefe, d. h. die Strukturbeziehungen der einzelnen Schichten untereinander und die Untergrenze der Gesteine der Kriwoj Rog-Serie.

Über die Massenverteilung in der Tiefe wurden Vermutungen ausgesprochen, die von der Vorstellung einer durch Störungen (Überschiebungen) komplizierten Synklinalstruktur ausgingen; diese Annahme entspricht den vorhandenen Unterlagen, die sich bei der geophysikalischen und geologischen Erkundung ergeben haben.

Für die angenäherte Bestimmung der Untergrenze der Struktur wurde für die Bestimmung der Masse die Formel für zweidimensionale Körper

$$\int_{-\infty}^{+\infty} \frac{dV}{dz}\, dx = 2\,\pi k M \qquad (1)$$

benutzt (SCHWANK, O. A. & J. N. LUSTICH 1947) und für M gelöst. Die Integration der Kurve Δg erfolgte nach den einfachsten Verfahren der Elementartrapeze aller 0,5—1,0 cm im Maßstab 1:10000, die Werte für Δg wurden auf 0,1 mgal genau abgelesen.

Die Querschnittsfläche des Körpers wurde nach der Formel

$$S = \frac{M_{\text{übersch.}}}{\Delta\sigma_{\text{durchschn.}}} \quad ^{2)}$$

berechnet. Die überschüssige Dichte wurde als gewogenes Mittel für das gegebene Profil nach der Formel

$$\Delta\sigma_{\text{durchschn.}} = \frac{\Sigma \Delta\sigma_i\, m_i}{\Sigma m_i}$$

berechnet.

Hierbei bedeuten: m_i — Mächtigkeit jeder im Profil auftretenden Schicht; $\Delta\sigma_i$ — überschüssige Dichte dieser Schicht. Zu bemerken ist, daß im Hinblick auf die Nebengesteine (Granite und Gneise mit $\sigma = 2{,}6$ bis 2,65) alle Horizonte der Kriwoj Rog-Serie, darunter auch die Schiefer, eine überschüssige Dichte besitzen (von + 0,1 bis + 1,0). Daher ist die Verwendung des gewogenen Mittels der Dichte vollkommen gerechtfertigt.

In Gebieten, für die keine Bohrergebnisse vorliegen, wurde die überschüssige Dichte nach den Ergebnissen der quantitativen Interpretation der Schwerebeobachtungen angenommen. Das gewogene Mittel der Dichte wurde für die einzelnen Schichtpakete oder Abteilungen berechnet; dieses Vorgehen erwies sich am richtigsten.

Bei bekannter Breite der kristallinen Schieferzone an der Oberfläche kann man sich mit den verschieden ausgebildeten Querschnittsformen der Körper befassen (Viereck, Dreieck, Halbellipse usw.) und eine Vorstellung über den Charakter und die Tiefe der Untergrenze der Eisenerzquarzite erhalten. Die Auswertung erfolgte durch ein Näherungsverfahren mit Hilfe der bereits erwähnten Strichplatte, wobei die Gesamttiefe der Synklinale und die Strukturverhältnisse des Ost- und des Westflügels sich als veränderlich ergaben (Überschiebungsbetrag, Einfallswinkel der Bewegungsfläche, Einfallswinkel der Schichten usw.), bedeutend seltener änderte sich die überschüssige Dichte. Die Abb. 1 und 2 zeigen die Ergebnisse der ausgeführten Berechnungen. Bei der Konstruktion des schematischen Profils im Streichen der Anomalie (Abb. 2) wurden auch die Unterlagen (GAMBURZEW 1930) über die Mächtigkeit der einzelnen Eisen- und Schieferhorizonte und die geophysikalisch ermittelte Mächtigkeitszunahme der Eisenhori-

---

2) Anmerkung der sowjetischen Redaktion:
In dem erwähnten Aufsatz von G. A. GAMBURZEW (1930) wurde Formel (1) direkt für den Schnitt des Körpers

$$S = \frac{\int_{-\infty}^{+\infty} \Delta g \cdot dx}{2\,\pi k \Delta\sigma}$$

gegeben, was bequemer ist.

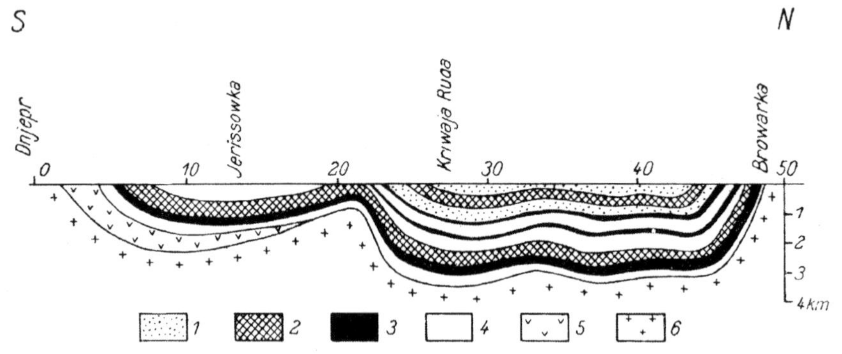

Abb. 2. Schematisches geologisches Profil im Streichen der Anomalie

1 – Schiefer, Sandstein, Dolomite und Mikroquarzite der oberen Abteilung ($\sigma_{\text{übersch.}} = 0{,}1 - 0{,}2$ g/cm³); 2 – grobgebänderte Eisenquarzite mit Schieferzwischenmitteln ($\sigma_{\text{übersch.}} = 0{,}5 - 0{,}7$ g/cm³); 3 – Eisenquarzite der mittleren Abteilung ($\sigma_{\text{übersch.}} = 0{,}8 - 1$ g/cm³); 4 – Schiefer der mittleren und unteren Abteilung ($\sigma_{\text{übersch.}} = 0{,}1 - 0{,}2$ g/cm³); 5 – Amphibolite ($\sigma_{\text{übersch.}} = 0{,}2$ g/cm³); 6 – Granite und Gneise

zonte auf Kosten der Schieferzwischenlagen im nördlichen Teil der Anomalie berücksichtigt.

Die erhaltenen Daten zeigen, daß von Süden (südlich des Dnjepr) nach Norden zu das anfänglich steile Eintauchen der Faltenumbiegungen flacher wird.

Auf Grund der im südlichen Teil der Anomalie niedergebrachten Bohrungen wurde festgestellt, daß der Eintauchwinkel der Faltenumbiegungen in den oberen Horizonten 45° beträgt. Dann betrug auf eine Erstrekkung von 2 km sein Mittelwert nach den Berechnungen 33°. Weiter nach Norden hin wird das Eintauchen immer flacher und beträgt etwa 10–11°. Schließlich beginnt im Gebiet von Jeristowka die Faltenumbiegung nach Norden mit 7–8° anzusteigen.

Die Teufe der Untergrenze der Eisenquarzite im südlichen Teil der Anomalie beträgt im Durchschnitt 1100–1400 m und geht nicht über 1700 m hinaus. Daher wurden hier nur Gesteine der Unteren und Mittleren Abteilung nachgewiesen, wobei die Mittlere Abteilung jedoch nur durch die untersten Horizonte vertreten ist.

Nördlich von Profil 1 beginnt nach einer gewissen Hebung die Faltenumbiegung erneut abzusinken, was gleichzeitig mit einer bedeutenden Faltenverbreiterung verbunden ist. Der Einfallswinkel der Faltenumbiegung variiert hier zwischen 26–30° bis 6–10°. Die Teufe der Untergrenze der Eisenquarzite bewegt sich in diesem Teil der Anomalie von 2800 und 3400 m, wodurch die Gesteine der oberen Abteilung relativ stark entwickelt sind.

Im Profil 2 liegt die Untergrenze des Eisenerzkomplexes in einer Teufe von 3400 m. Nach Norden zu ist eine gewisse Hebung der Faltenachse und eine Teufenabnahme bis auf 2900 m im Profil 3 zu beobachten; weiter nördlich davon beginnt dann ein erneutes Absinken. Eine maximale Teufe im nördlichen Teil der Anomalie wurde auf Profil 5 festgestellt; nördlich davon beginnt eine anfangs langsame, dann stärkere Heraushebung der Faltenumbiegungen; diese Heraushebung bedingt wahrscheinlich auch den Faltenschluß bei Browarka.

Die durchgeführten Berechnungen sprechen daher für eine Faltenundulation, die in der Karte des Schwerefeldes in Form einzelner Schweremaxima zum Ausdruck kommt.

Es ergab sich auch die Möglichkeit, einige allgemeine Vorstellungen über die Elemente der Bruchtektonik des sedimentär-metamorphen Komplexes zu erhalten. Es wurde festgestellt, daß der Einfallswinkel der Bewegungsfläche zwischen 50 und 75° schwankt. Der Bewegungsbetrag erreicht Maximalwerte von 750–1000 m bei der östlichen und von 700 m bei der westlichen Überschiebung.

Aus den angeführten Angaben geht hervor, daß die Struktur des Eisenerzkomplexes im Gebiet der Krementschuger Anomalie in vielem der Struktur der Kriwoj Roger Zone ähnelt. Dort ist auch die Faltenüberkippung nach Osten, die Schuppung bei den Überschiebungsbewegungen, die Faltenundulation im Streichen u. a. kennzeichnend.

Zur Schätzung des möglichen Fehlers bei der Bestimmung der Teufen wurden mittels analytischer Methoden Berechnungen für zweidimensionale Körper ausgeführt, die ihrer Form nach der untersuchten Struktur ähneln.

Zu diesem Zweck wurde die von M. W. WDOWIN vorgeschlagene Lösung der reziproken Aufgabe für einen endlosen, horizontal lagernden elliptischen Zylinder mit geneigter Achsenlage verwendet. Die Lösung erfolgte nach den Kurven W_{xz} und $W\Delta$, die zu diesem Zweck gemittelt wurden. Eine Überprüfung wurde an zwei im südlichen Teil der Anomalie liegenden Profilen durchgeführt, sie lieferte völlig zufriedenstellende Ergebnisse. Die Differenzen bei der Tiefenberechnung der Untergrenze gehen nicht über 15–20% hinaus, was vollkommen zulässig ist, wenn man berücksichtigt, daß eine Synklinalstruktur im Verhältnis zu einem elliptischen Zylinder nur als grobe Annäherung erscheint. Eine etwa ähnliche Differenz, in % ausgedrückt, erhält man beim Vergleich mit Berechnungen, die nach Unterlagen der aeromagnetischen Vermessung angestellt worden sind; danach ist die Teufe der Untergrenze um 15–20% geringer als nach den Schwerebeobachtungen. Dieser Unterschied findet häufig seine Erklärung im Auftreten einer unmagnetischen Schieferserie, deren Einfluß bei den nach der Kurve Δg vorgenommenen Berechnungen berücksichtigt wurde, da ihre Dichte 0,1–0,2 größer als die Dichte der Nebengesteine ist.

Natürlich kann der erhaltene, in % ausgedrückte Wert der Abweichung bei der Bestimmung der Tiefe nicht in vollem Maße als Kriterium für die Genauigkeit gelten, jedoch auf die im großen und ganzen richtige Lösung der Aufgabe weist auch die gesetzmäßige Zunahme der Eintauchtiefe der Synklinale nach Norden zu hin, was sowohl dem Charakter des Schwerefeldes der Anomalie als auch der allgemeingeologischen Vorstellungen über die Struktur des algonkischen Komplexes völlig entspricht.

Die unter Berücksichtigung der beim Niederbringen von Tast- und Erkundungsbohrungen erhaltenen Unterlagen durchgeführten Berechnungen haben nachgewiesen, daß die Gesteine der Kriwoj Rog-Serie eine große nach Osten überkippte Synklinalfalte bilden, kompliziert durch querstreichende und mit 10–20° einfallende Überschiebungen.

Die Faltenumbiegung wird durch ein wellenförmiges Auf- und Abtauchen gekennzeichnet. Maximalwinkel sind in der nördlichen und der südlichen Periklinale zu beobachten. Die Faltenundulationen im Zentralteil der Anomalie überschreiten nicht 7°—10°. Das Streichen der Faltenumbiegung fällt mit der Achse der Schwereanomalie etwa zusammen.

Die Lagerungstiefe der Untergrenze der Gesteine der Kriwoj Rog-Serie beträgt im südlichen Teil der Anomalie etwa 1,3—1,7 km, im Norden erreicht sie 2,9 bis 3,4 km. Ein Vergleich dieser Daten mit den durch die Such- und Erkundungsarbeiten erhaltenen Unterlagen berechtigt zu der Annahme, daß die gesamte Mächtigkeit der sedimentär-metamorphen Gesteine noch nicht aufgeschlossen ist. Dies gilt offensichtlich in erster Linie für die Schichten der mittleren Abteilung, deren Mächtigkeit nach M. H. DOBROCHOTOW 1200 m beträgt.

Die ausgeführten Berechnungen weisen auch nach, daß nach Norden die Mächtigkeit der Erzhorizonte bei entsprechender Mächtigkeitsabnahme der Schieferzwischenmittel zunimmt. Dies kommt in erster Linie darin zum Ausdruck, daß die überschüssige Dichte der Gesteine des westlichen Faltenschenkels nach Norden zu ansteigt.

Natürlich können die auf Abb. 1 und 2 angegebenen Unterlagen nur eine schematische Vorstellung über den Bau des Gebietes geben und keinen Anspruch auf eine eingehende Deutung der komplizierten Struktur des sedimentär-metamorphen Komplexes erheben. Aber sie weisen noch einmal auf die Möglichkeit und Zweckmäßigkeit der Verwendung der Angaben von Schweremessungen bei ähnlichen Bedingungen zur Bestimmung der Untergrenze der Eisenquarzite hin.

Literatur

ALEXANDROW, S.: Die Ergebnisse der Schwerebeobachtungen in Kriwoj Rog im Jahre 1928. — Arbeiten der Staatlichen Verwaltung für geologische Erkundung (GGPU), Heft 36, 1931.
ANDREJEW, B. A.: Über die Bedingungen zur Anwendbarkeit der Formeln der zweidimensionalen Aufgabe bei der Deutung von magnetischen und Schwereanomalien. — Abhandlungen des WIRG, 1950.
WDOWIN, I. W.: Die direkte und die reziproke Aufgabe des Anziehungspotentials eines elliptischen Zylinders — Autorreferat der Dissertation zur Erlangung des Grades „Kandidat der geologisch-mineralogischen Wissenschaften".
GAMBURZEW, G. A.: Die Bestimmung des Überschusses oder Defektes unterirdischer Massen nach magnetischen und gravimetrischen Beobachtungen. — Z. angew. Phys. (russisch), Bd. VII, Nr. 5, 1930.
— Über ein gravimetrisch-seismisches Erkundungsverfahren. — Z. angew. Phys. (russiseh), Bd. VIII, H. 5, 1930.
DOBROCHOTOW, M. H.: Geologie und Genese der Krementschuger Eisenerzlagerstätte. Sammelband „Geologie und Genese der Erze des Eisenerzbeckens von Kriwoj Rog". — Verlag Ak. Wiss. Ukrain. SSR, Kiew 1955.
KASANSKIJ, A. P. & W. W. SUSLENIKOW: Über die Untergrenze der Manginsker Eisenerzlagerstätte. — Materialien des WNIGRI, Geophysik, Bd. 12, 1948.
KOSTIZYN, W. A.: Methoden zur Bestimmung der Lage magnetischer Massen. — Abh. der OKKMA, Nr. IV, Magnet.-gravimetr. Abt., 1924.
KRUTICHOWSKAJA, S. A.: Einige neue Mitteilungen über die Strukturen im Untergrund der Mitteldnjepr-Abdachung des Ukrainischen kristallinen Schildes. — Sowjetische Geologie, Nr. 48, 1955.
LOGATSCHOW, A. A.: Erfahrungen bei der Anwendung der aeromagnetischen Vermessung zur Bestimmung der Tiefe magnetischer Massen. — Materialien des Zentralen Wissenschaftlichen Forschungsinstituts für geologische Erkundung, Bd. 8, 1940.
SWITALSKIJ, N. I. & E. K. FUKS u. a.: Die Eisenerzlagerstätte Kriwoj Rog. — Arbeiten des WGRO beim Volkskommissariat für Schwerindustrie der UdSSR, 1932.
SOROKIN, A. W.: Gravimetrie und gravimetrische Erkundung. — Gostoptechisdat, 1951.
STRONA, A. A.: Die magnetischen Anomalien von Kriwoj Rog-Krementschug. — Sowjetische Geologie, Bd. IX, Nr. 10/11, 1939.
SCHWANK, O. A. & E. N. LUSTICH: Die Deutung von Schwerebeobachtungen. — Gostoptechisdat, 1947.

Geologisch-statistische Auswertung von Bohrungen auf Eisenerz im Thüringer Wald

HANS HETZER, Eisleben

Am nordwestlichen Rand des Thüringisch-fränkischen Schiefergebirges nimmt der Ausbiß des Ordoviciums, aufgelagert auf die SE-Flanke des Schwarzburger Sattels, einen breiten Raum ein. Während seine unteren Glieder, die Frauenbach- und die Phycodenserie, durch das Vorwalten mächtiger Schichtpakete von Quarziten und Tonschiefern ausgezeichnet sind, erreicht die oberste Stufe, die Gräfenthaler Serie, erhebliche Bedeutung durch das Auftreten von Eisenerzen. Diese sind an drei Horizonte gebunden, die sich von der Nordrandspalte des Thüringer Waldes im Gebiet südwestlich Saalfeld/Saale bis zur Südrandspalte bei Mengersgereuth-Hämmern verfolgen lassen (Abb 1). Als Nebengesteine der Eisenerzhorizonte finden sich reine Tonschiefer und stark sandige, häufig als „Quarzit" bezeichnete Tonschiefer. Sie bauen die in Abb. 2 wiedergegebene Schichtenfolge (HETZER, 1956) auf (der Mittlere Eisenerzhorizont wurde weggelassen, da er keine wirtschaftliche Bedeutung hat).

Der Lederschiefer erreicht im allgemeinen Mächtigkeiten zwischen 200 und 300 m. Sein Gestein ist ein rauher, sandiger, glimmerführender, in frischem Zustand blaugrauer, bei der Verwitterung braune Farbtöne annehmender Tonschiefer.

Der Griffelschiefer stellt sich als ein milder, blaugrauer, nur selten glimmerführender Tonschiefer dar, der Mächtigkeiten zwischen 80 und 200 m erreicht. In den meisten Vorkommen ist er etwas weicher als der Lederschiefer, was sich vor allem in Störungszonen unangenehm bemerkbar macht. Hier ist der Griffelschiefer meist, im Gegensatz zum etwas widerstandsfähigeren Lederschiefer, sehr stark zerruschelt.

Von den drei Erzhorizonten der Gräfenthaler Serie haben nur zwei wirtschaftliche Bedeutung, der Obere und der Untere, wobei jedoch die des ersteren bei weitem überwiegt. Aus ihm wird zur Zeit in den Gruben Schmiedefeld und Wittmannsgereuth im Tagebau und im Tiefbau ein saures, oolithisches Eisenerz gewonnen, das im wesentlichen aus den Mineralen Chamosit und Siderit zusammengesetzt ist. Im Unteren Erzhorizont wurde bis jetzt nur ein bauwürdiges Lager mit stark saurem, ebenfalls aus Eisensilikaten und Siderit bestehenden Erz in der Nähe der Grube Schmiedefeld festgestellt.

Die in den Gruben geförderten Erze dienen ausschließlich der Versorgung des VEB Maxhütte in Unterwellenborn. Dieser war ursprünglich auf Basis der Kamsdorfer Spateisensteine errichtet worden (s. HETZER, 1957) und mußte etwa um die Jahrhundertwende wegen Erschöpfung der Kamsdorfer Erzvorräte zum Abbau der sauren Schmiedefelder Erze übergehen. Die Gewinnung erfolgte zunächst im Tagebau und auf der Stollensohle, in der Zeit seit dem ersten Weltkrieg bis heute ging der Bergbau dann auf immer tiefere Sohlen hinunter. In den dreißiger Jahren wurde die tiefste Sohle der Grube, die 250 m-Sohle, als Sumpfstrecke aufge-

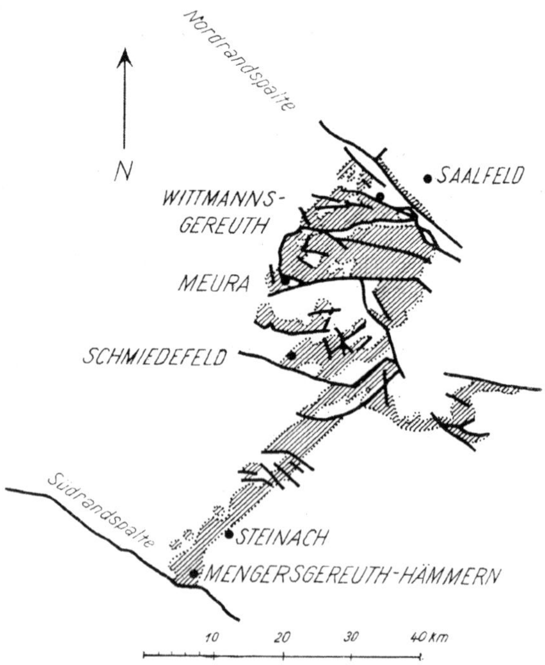

Abb. 1 (nach DEUBEL)

fahren, und man erkannte damals bereits den ungefähren Umfang der Lagerstätte. Als Folge davon begann man, sich Gedanken über eine Erweiterung der Erzbasis der damaligen Maximilianshütte in Unterwellenborn, unter deren Verwaltung die Gruben standen, zu machen. Unter der Regie der Hütte und einer Erzstudiengesellschaft wurden etwa 20 Bohrungen im Gebiet von Schmiedefeld und über 70 Bohrungen allein in der Umgebung von Wittmannsgereuth niedergebracht. Als Ergebnis konnte während des zweiten Weltkrieges mit dem Aufschluß der Grube Wittmannsgereuth, die durch eine 11 km lange Seilbahn mit der heutigen Maxhütte verbunden wurde, begonnen werden. Die Grube lieferte bereits in den letzten Kriegsjahren das erste Eisenerz und erlebte nach 1945, beim Ausbau und der Erweiterung der Maxhütte als zunächst einzigem Hüttenwerk der damaligen sowjetischen Besatzungszone, ein sprunghaftes Ansteigen der Förderung.

Nach 1945 wurde das Metall Eisen einer der bedeutendsten Rohstoffe für die Heilung der unserem Land durch den Krieg geschlagenen Wunden und für den Aufbau unserer jungen sozialistischen Industrie. Es war daher ein dringendes Erfordernis, die Erzbasis der Maxhütte, die fast vollständig auf eine Versorgung aus dem thüringischen Hinterland angewiesen war, zu sichern und nach Möglichkeit zu erweitern.

Das durch den Krieg unterbrochene Bohrprogramm wurde daher 1949 wieder aufgenommen. Unter der geologischen Leitung von Herrn Dr. H. KRAUSE vom Geologischen Dienst Jena, dem an dieser Stelle herzlichst für die gute Einführung und Zusammenarbeit gedankt sei, und unter späterer Mitarbeit des Verfassers sind seitdem fast ständig 3–4 Bohrgeräte im Einsatz gewesen. Mit diesen wurde, da die Erkundung im Raum Wittmannsgereuth als abgeschlossen gelten konnte, zunächst das Gebiet von Schmiedefeld systematisch abgebohrt.

Ab 1954 wurden dann die Eisenerzhorizonte in südwestlicher Richtung über Spechtsbrunn und Steinach bis zur Südrandspalte des Thüringer Waldes weiter verfolgt. Anschließend wurden die Arbeiten zwischen Schmiedefeld und Wittmannsgereuth, im Gebiet der Lederschiefermulden von Meura, Döschnitz und Arnsgereuth, fortgesetzt.

Bis zum Jahre 1956 wurden so noch rund 90 Bohrungen niedergebracht, so daß mit den bereits vor dem Krieg geteuften 90 Stück nunmehr die Ergebnisse von rund 180 Bohrungen zur Verfügung standen. Bei einer Auswertung dieser Ergebnisse ergaben sich hinsichtlich des Fündigwerdens der einzelnen Bohrungen und ihrer Brauchbarkeit für die eingehende Beurteilung von Erzfeldern und für Vorratsberechnungen eine Reihe von interessanten Einzelheiten, auf die im folgenden näher eingegangen werden soll.

Den einfachsten und wünschenswertesten Verlauf, den eine Bohrung nehmen kann, ist der der Abb. 2. Die Bohrung ist hier im Hangenden des Oberen Erzhorizontes angesetzt und vermittelt einen vollständigen Überblick über die durchteuften Schichten. Daß dieser „Normalfall" jedoch gar nicht so normal ist, zeigt gleich die folgende Gegenüberstellung:

Von den 180 ausgewerteten Bohrungen verliefen nur 64 „normal" und können zum Fall 1 gestellt werden, das sind 35,6%. Im Wittmannsgereuther Gebiet waren es von 72 Bohrungen, die in der obigen Zahl mit enthalten sind, sogar nur 23, das sind rund 32%! Alle übrigen Bohrungen trafen den Erzhorizont entweder gar nicht an oder in tektonisch gestörten Verhältnissen, so daß eine einwandfreie Beurteilung nicht oder nur teilweise möglich war und diese Bohrungen bei einer Bewertung des Erzhorizontes ausscheiden müssen. Die restlichen 116 Bohrungen oder 64,4% lassen sich in 9 Fälle einordnen, die im folgenden näher erläutert werden sollen.

Fall 2 (Abb. 3) tritt dann ein, wenn die Bohrung an einer Verwerfung vom Hangenden des Erzhorizontes unmittelbar in sein Liegendes gerät, ohne den Erzhorizont selbst anzutreffen. Das war bei 36 Bohrungen, = 20%, der Fall. Diese Bohrungen scheiden bei einer Beurteilung des Erzhorizontes aus, können allerdings bei einer profilmäßigen Auswertung der Ergebnisse mehrerer Bohrungen Hinweise auf das Vorhandensein von Störungen geben, ohne daß es jedoch möglich ist, Streichen und Fallen

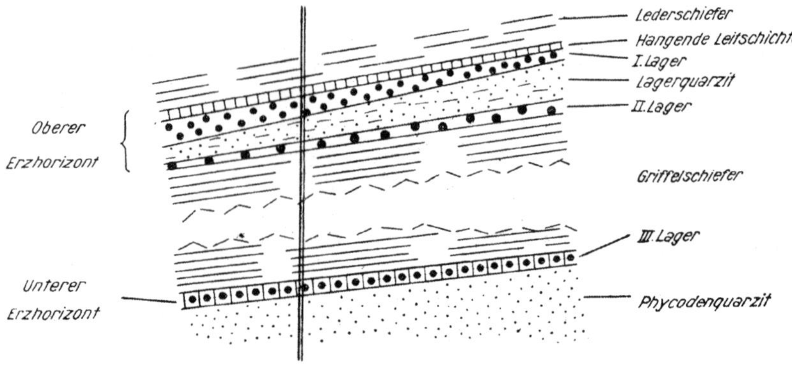

Abb. 2. Profil mit der üblichen Bezeichnung der Erzlager

der Störung zu fixieren. Außerdem sind in den relativ weichen Tonschiefern, die die Nebengesteine unserer Erzhorizonte bilden, die Verwerfungen meist von einer ausgeprägten und vor allem im Griffelschiefer teilweise sehr mächtigen Zerrüttungszone begleitet, in der meist starker Kernverlust auftritt. Es gelingt so in vielen Fällen nicht, die Teufenlage der Verwerfung genau festzustellen, da sich zwischen dem letzten Kernbrocken Lederschiefer und dem ersten Brocken Griffelschiefer oft ein Spielraum von einigen Metern ergibt. In Gebieten, in denen sich die Hangend- und Liegendgesteine des Erzhorizontes stark ähneln, wie dies zwischen Lederschiefer und Griffelschiefer oder der Wechsellagerung im Griffelschiefer und den Phycodenschichten der Fall sein kann, deutet oft nur dieser Kernverlust auf das Überbohren einer Störung hin und muß auf alle Fälle Anlaß zur Untersuchung der Liegendgesteine der Zerrüttungszone sein.

Den Gegensatz zu diesen durch Zerrung entstandenen Verwerfungen stellen die durch Pressung verursachten Überschiebungen dar, die als Fall 3 (Abb. 4) bei 10 Bohrungen, = 5,6%, angetroffen wurden. Sie sind also im gesamten Untersuchungsgebiet relativ selten und beschränken sich vor allem auf das Gebiet von Wittmannsgereuth, wo von den genannten 10 Bohrungen 7 durch Überschiebungen sanken. Bei einer Auswertung der Bohrergebnisse lassen sich hier drei Fälle unterscheiden, die als Fall 3a—c dargestellt sind. Fall 3b ist dabei am schwierigsten erkennbar, hier ist der Überschiebungsbetrag nur gering und Erz auf Erz geschoben, es tritt also eine scheinbare Zunahme der Erzmächtigkeit ein, die bis zur Verdoppelung gehen kann. Da das Erz relativ hart ist und kaum Zerrüttungszonen auftreten, ist an der Übergangsstelle vom „oberen" ins „untere" Lager (relativ zur Überschiebungsfläche) auch kein Kernverlust zu beobachten, und das Erkennen eines

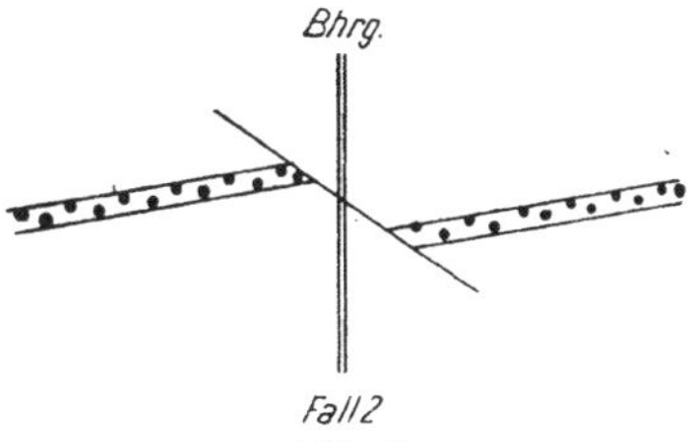

Abb. 3

solchen Falles aus dem Bohrprofil ist sehr schwierig. Vorsicht ist daher immer geboten, wenn in einem Gebiet mit ziemlich gleichbleibenden Mächtigkeiten plötzlich starke Mächtigkeitszunahmen auftreten, da dies bei bedenkenloser Übernahme in die Auswertung zu schweren Fehlern in der Vorratsberechnung führen kann.

Etwas günstiger liegen die Fälle 3a und 3c, wo die Überschiebungsbeträge so groß sind, daß die Erzlager (Beispiel Oberer Erzhorizont) in den gezeigten Wiederholungen auftreten. Die Beurteilung dieser Fälle setzt allerdings eine genaue Kenntnis der stratigraphischen Verhältnisse voraus, da sonst leicht die Vermutung des Auftretens von drei oder vier Erzlagern aufkommt, wie das bei einigen älteren Bohrungen auch geschehen war.

Daß dies ebenfalls zu großen Fehlern in der Vorratsberechnung führen kann, ist leicht einzusehen. Komplikationen können dann eintreten, wenn das die Erzlager unter und über der Überschiebungsfläche trennende Nebengestein stark zerrüttet ist und der darin gebohrte Kern verloren geht, so daß dann ein scheinbarer Kernverlust im Erz auftritt. Hier hilft nur noch eine Auswertung von Spülproben und der Bohrfortschrittsmessungen zur genauen Abgrenzung der Erzlager. Hilfe bringt auch ein petrographischer und stratigraphischer Vergleich mit den Normalverhältnissen. Liegt z. B. großoolithisches Erz über kleinoolithischem, so ist auf alle Fälle etwas nicht in Ordnung, da dies im Normalfall niemals vorkommt (gilt auch für Fall 3b). Liegt

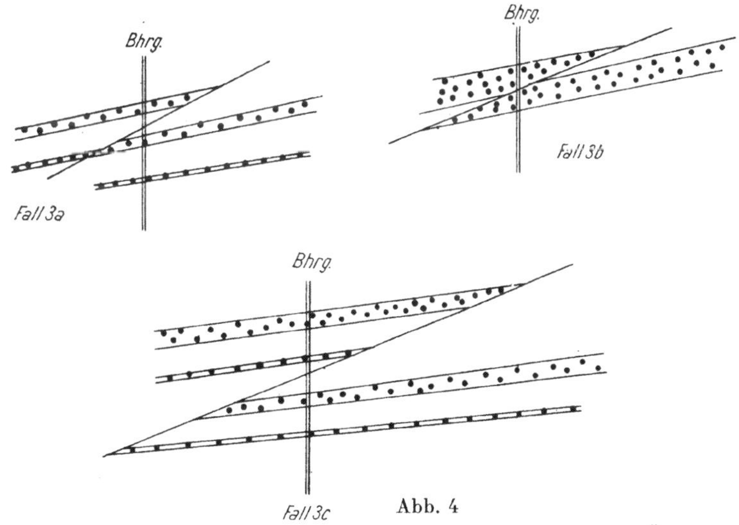

Abb. 4

großoolithisches Erz unmittelbar unter kleinoolithischem, so müssen als Vergleich benachbarte Bohrungen mit herangezogen werden, da dies im Oberen Erzhorizont bei Ausfall des Lagerquarzits häufig auch den normalen Verhältnissen entsprechen kann. Es liegt dann keine Überschiebung, sondern ein ganz normaler Übergang vor.

Für den Fall 2 ergeben sich noch eine Reihe von Modifikationen, bei denen entweder nur Teile des Erzhorizonts (15 Bohrungen = 8,3%) oder nur die hangendsten Partien, die Hangenden Leitschichten mit der charakteristischen Kalkbank (in 6 Bohrungen = 3,3%) angetroffen wurden, dargestellt als die Fälle 4—5 (Abb. 5 u. 6). Bei einer Auswertung der Ergebnisse dieser Bohrungen können leicht Täuschungen eintreten. Unsere Erzhorizonte sind daher nicht immer im Normalprofil der Abb. 2 entwickelt. Der Lagerquarzit kann in den Randgebieten der eigentlichen Erzlinsen sehr rasch auskeilen, so daß dann im Oberen Erzhorizont das obere kleinoolithische Lager unmittelbar dem unteren, großoolithischen Lager aufsitzt. Dieselbe Erscheinung kann aber auch durch eine Störung hervorgerufen werden (wenn der rechte Teilkörper des Falles 4 etwas längs der Störung nach links oben verschoben wird). In anderen Gebieten kann das untere Lager fast vollständig auskeilen und, relativ selten, das obere Lager. Der Extremfall ist dann gegeben, wenn die ganze Folge oberes Lager—Lagerquarzit—unteres Lager sehr geringmächtig wird oder fast verschwindet, dafür aber die Kalkbank der Hangenden Leitschichten größere Mächtigkeiten annimmt und das Erz ganz oder teilweise vertritt. Alle diese Erscheinungen können, wie an den Fällen 4a, 4b und 5 leicht ersichtlich ist, ebenfalls durch Störungen hervorgerufen werden. Es muß also bei Bohrungen, in denen nur Teile der Normalfolge des Erzhorizontes angetroffen wurden, durch Vergleich mit benachbarten Bohrungen geprüft werden, ob die fehlenden Teile durch Störungen abgeschnitten worden sind oder bereits primär nicht vorhanden waren. Nur Bohrungen, bei denen eine genaue Festlegung getroffen werden konnte, dürfen einer weiteren Auswertung und evtl. Vorratsberechnung zugeführt werden. Hinweise auf das Vorhandensein von Störungen können auch hier wieder die in ihrem Bereich auftretenden Kernverluste geben.

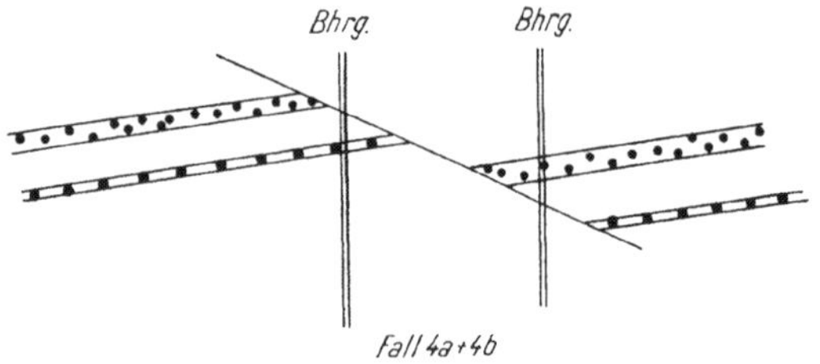

Abb. 5

Einen seltenen Spezialfall stellt der Fall 6 (Abb. 7) dar. Hier geht das Erzlager aus der anfangs normalen Lagerung in die überkippte über, und die Bohrung trifft scheinbar zwei Erzlager an oder erbringt unwahrscheinlich große Erzmächtigkeiten, wenn sie gerade durch die Umbiegungsstelle hindurch geht. Das war bei Untersuchungsarbeiten auf den Unteren Erzhorizont im Gebiet von Schmiedefeld der Fall, wo eine Bohrung über 20 m zusammenhängend Erz erbrachte. Beim Durchteufen von zwei Erzlagern mit gleicher Beschaffenheit müssen die Nebengesteine genau untersucht werden, bevor man die Entscheidung Überschiebung oder Überkippung trifft. Bei beiden Erzhorizonten können hier Schwierigkeiten auftreten, da in ihrem Hangenden und Liegenden Gesteine vorkommen können, die sich petrographisch nur wenig unterscheiden. So können z. B. größere Schieferpakete im gebänderten Lederschiefer sehr leicht mit Griffelschiefer verwechselt werden. Es erweist sich daher als zweckmäßig, möglichst weit ins

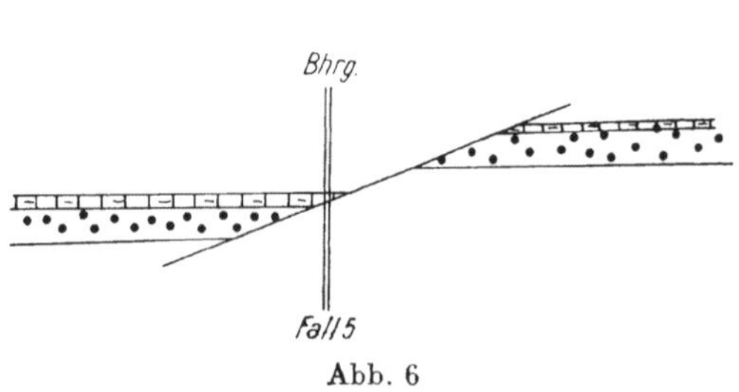

Abb. 6

Liegende des zweiten angetroffenen Erzlagers hineinzubohren, bis einwandfreie Belege für das Bestimmen des Nebengesteins vorliegen. Außerdem besteht dabei auch die Möglichkeit, daß das Umbiegen des Erzlagers in die normale Lagerung angetroffen wird, was von Wichtigkeit für das Ansetzen weiterer Bohrungen ist.

Der Fall 6 wurde bei 4 Bohrungen, das sind 2,2%, beobachtet und ist auch nur in tektonisch stärker gestörten Gebieten zu erwarten.

Etwa in der gleichen Häufigkeit, nämlich bei 5 Bohrungen = 2,8%, wurde der Fall 7 beobachtet, der ebenfalls nur in tektonisch stark gestörten Gebieten anzutreffen ist. Hier ist der Erzhorizont, in dem nach Ergebnissen aus Nachbarbohrungen gute Mächtigkeiten zu erwarten waren, durch mehrere Störungen so zerrissen, daß nur ein kleines, reduziertes, meist aus Lagerquarzit bestehendes Paket übriggeblieben ist, das keinerlei Beurteilung des Erzhorizontes zuläßt. Derartige Fälle lassen sich auch unter Tage gut beobachten, so z. B. im Revier Breiter Berg der Grube Wittmannsgereuth, wo an Längsstörungen mit größerer Sprunghöhe unregelmäßig begrenzte Lagerquarzitpakete eingeklemmt sind. Sie erreichen (tektonisch bedingte) Mächtigkeiten von $^1/_2$—1 m und mittlere „Durchmesser" (in der Störungsfläche gesehen) von 5—10 m.

Bei 6 Bohrungen, = 3,3%, wurde kein Erz angetroffen, obwohl keine Störung vorlag. Dieser Fall 8 wurde ausschließlich im Unteren Erzhorizont beobachtet, da dieser nicht durchgehend erzführend ist, sondern in ihm Zonen auftreten, in denen Griffelschiefer unmittelbar auf Phycodenquarzit liegt. Die Grenze zwischen beiden ist dann lediglich durch ein nur wenige Millimeter mächtiges Roteisensteinbänkchen gekennzeichnet. Die Beurteilung des Auftretens eines solchen Falles ist allerdings nur bei vollständigem Kerngewinn möglich, ließ sich aber bei der obengenannten Anzahl von Bohrungen gut durchführen. Es wurde hier mehrere Male der Übergang ohne Erz in einem Kernstück gezogen.

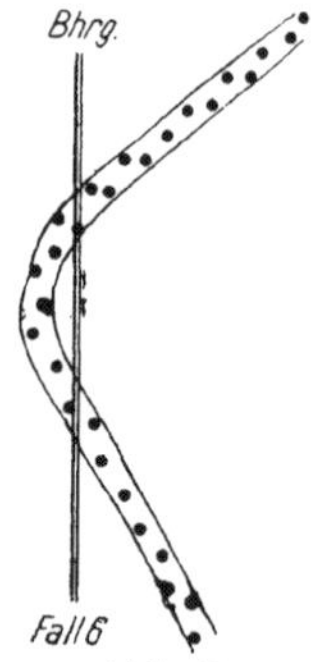

Abb. 7

Ebenfalls 6 Bohrungen, = 3,3%, zählen zum Fall 9. Hier wurde die Bohrung falsch angesetzt, d. h. bereits im Liegenden des Erzhorizontes und konnte diesen also nicht mehr erreichen. Diese Fehlansetzungen waren meist auf Fehler in der geologischen Kartierung zurückzuführen und treten in solchen Gebieten auf, in denen der Erzhorizont sehr stark unterentwickelt, nicht durch Pingen gekennzeichnet und an steilen Hängen vollständig durch Hangschutt überrollt ist. Ihr Ergebnis war zwar hinsichtlich der Erzführung negativ, für die Klärung der Lagerungsverhältnisse aber von Bedeutung, da diese bei der starken Überrollung dieses Gebietes mit Lederschiefer und Erz von der Erdoberfläche her allein nicht zu beurteilen waren.

Zahlenmäßig an dritter Stelle in unserer Darstellung steht der Fall 10, in dem alle die Bohrungen zusammengefaßt sind, die aus technischen Gründen eingestellt werden mußten. Es sind dies 28 Bohrungen = 15,6%. Das bedeutet also, daß 28 Bohrungen eingestellt werden mußten, bevor sie ihr geologisches Ziel, nämlich den Erzhorizont, erreicht hatten. Die Gründe hierfür sind unterschiedlich, der in den Bohrberichten am meisten genannte und auch bei der praktischen Arbeit am häufigsten auftretende ist der, daß „in einer Störungszone wegen Nachfall und Verklemmung im Bohrloch" die Bohrung eingestellt werden mußte. Hierzu ist noch zu bemerken, daß die relativ flachen Bohrungen (größte Teufe rund 300 m) in standfestem Schiefergebirge durchweg ohne Verrohrung niedergebracht wurden. Es bestand also immer die Möglichkeit, daß eine Zerrüttungszone in höheren Teilen des Bohrloches vom Gestänge noch weiter ausgeschlagen wurde, und daß der aus dieser Zone dann auftretende Nachfall zu den oben genannten Verklemmungen der Bohrgarnitur im Bohrloch führte.

An nächster Stelle stehen dann Gestängebrüche, die häufig mit dem eben geschilderten Fall verbunden waren. In vielen Fällen gelang es zwar, die im Bohrloch verbleibenden Gestängeteile mit der Bohrgarnitur durch Fangarbeiten oder Überbohren wiederzugewinnen, einige Löcher mußten jedoch auch, wenn die Fangarbeiten zu umfangreich und zeitraubend wurden, aufgegeben werden. Als äußerst kompliziert erwies sich in vielen Fällen auch die Versorgung der Bohrgeräte mit dem erforderlichen Spülwasser, da im Schiefergebirge immer auf Bäche oder die wenigen natürlichen Quellen zurückgegriffen werden muß, die in heißen Sommern leicht versiegen konnten. Oft mußten von der Quelle bis zum Bohrloch 1–2 km lange Wasserleitungen verlegt werden, die natürlich im Winter stets der Gefahr des Einfrierens ausgesetzt waren, da sie bei den kurzen Bohrzeiten nicht eingegraben werden konnten. Mit dem Festlegen der Bohrpunkte gemeinsam mit dem Bohrmeister mußte stets der Nachweis des erforderlichen Wassers Hand in Hand gehen.

Auf weitere Einzelheiten bezüglich der technischen Durchführung der Bohrungen und den dabei auftretenden Schwierigkeiten sei hier nicht eingegangen, da ihre Schilderung besser einem Bohrspezialisten überlassen bleibt.

Zusammenfassend sei noch einmal die Aufteilung der 180 niedergebrachten Bohrungen auf die einzelnen Fälle gegeben (s. Tab.).

Bei einer Auswertung der gesamten bisherigen Bohrungen sind also für das Aufstellen einer Erzvorratsberechnung und für die Beurteilung der Erzqualität und der Ausbildung des Erzhorizonts nur 35,6% der niedergebrachten Bohrungen einwandfrei und 16,1% (Fall 3, 4 und 6) bedingt zu verwerten. 26,1% (Fall 2, 5 und 7) sind zwar bezüglich der Erzführung negativ ausgelaufen, gestatten aber doch Rückschlüsse auf die mehr oder weniger starke Bruchtektonik im Untersuchungsgebiet. Sie müssen bei einer Analyse der gesamten geologischen Verhältnisse mit herangezogen werden. Nur 3,3% der Bohrungen (Fall 8) sind direkt als negativ anzusehen, während 18,9% (Fall 9 und 10), das ist beinahe ein Fünftel, das geologische Ziel nicht erreicht haben. Da

Fall		Bohrungen	%
1	Normaler Verlauf, Erzhorizont in vollständiger Ausbildung durchbohrt . .	64	35,6
2	Erzhorizont durch Störung abgeschnitten, Übergang Hangendes-Liegendes ohne Erz	36	20,0
3	Erzhorizont ganz oder teilweise durch Überschiebung verdoppelt	10	5,6
4	Erzhorizont durch Störung reduziert, nur liegender oder hangender Teil angetroffen	15	8,3
5	Erzhorizont durch Störung abgeschnitten, nur Hangende Leitschichten angetroffen	6	3,3
6	Erzhorizont durch Überkippung zweimal oder in unwahrscheinlicher Mächtigkeit durchbohrt	4	2,2
7	Erzhorizont durch mehrere Störungen reduziert, nur Teile erhalten	5	2,8
8	Übergang ohne Erz	6	3,3
9	Bohrung falsch angesetzt	6	3,3
10	Bohrung aus technischen Gründen vor Erreichen des geologischen Ziels eingestellt	28	15,6
		180	100,0

es bei der Erkundung von sedimentären Eisenerzen immer zuerst auf die Beurteilung der Eisenerzhorizonte selbst ankommt, ist von den niedergebrachten Bohrungen gerade die Hälfte zu gebrauchen.

Der vorstehende Aufsatz soll nur einen kurzen Überblick vermitteln über die Ergebnisse, die bei einer Auswertung der auf Eisenerz im thüringischen höheren Ordovicium niedergebrachten Bohrungen erzielt wurden, ohne daß Vollständigkeit hinsichtlich der rein geologischen Ergebnisse angestrebt wurde. Zusätzliche Auswertungen, vor allem auch hinsichtlich des öfters beobachteten Abweichens der Bohrlöcher, das Anlaß zu Fehlkonstruktionen gegeben hatte, bleiben einem weiteren Artikel vorbehalten.

Literatur

HETZER, H.: Stratigraphie, Sedimentationsverhältnisse und Paläogeographie des höheren Ordoviciums am SE-Rand des Schwarzburger Sattels. – Dissertation (Maschinenschrift) der Friedrich-Schiller-Universität Jena, 1956.
–: Der Kamsdorfer Zechsteinkalk und seine industrielle Bedeutung. – Z. angew. Geol. 1957, H. 2/3.

Die magnetische Anomalie von Kursk

Der Minister für Geologie und Lagerstättenschutz der UdSSR – P. ANTROPOW – veröffentlichte in der „Prawda" vom 18. 8. 1957 einen ausführlichen Artikel über die Kursker magnetische Anomalie. Nachdem der Autor die historischen Daten über die Entdeckungsgeschichte der Kursker Anomalie zusammengestellt und dabei besonders auf das Interesse, das W. I. LENIN diesen Eisenerzvorkommen widmete, hingewiesen hat, fährt er unter anderem fort:

„Als der Wendepunkt in der Geschichte des geologischen Studiums der Kursker magnetischen Anomalie erschien das Jahr 1953, als im Gebiet der nördlichen Ausläufer des Donez-Kohlenbeckens bei der Stadt Belgorod erstmalig in der Teufe von 430–500 m reiche Eisenerzlager entdeckt wurden. Diese Entdeckung vollendete die vieljährige Arbeit eines großen Geologenkollektivs und änderte grundlegend die Ansichten über die Ausdehnung und die Perspektive der Anomalie.

Vom Jahre 1953 an konzentrieren sich sämtliche Forschungen im Belgorod-Obojanschen Eisenerzbecken auf das Aufsuchen und Erkunden der reichen Eisenerze.

In dem ganzen Verbreitungsgebiet der Kursker magnetischen Anomalie fand eine magnetische Vermessung von Flugzeugen aus statt, deren Ergebnisse in einer geophysikalischen Karte zusammengefaßt wurden. Im größten Teil der ermittelten Anomalien sind magnetische, gravimetrische sowie seismische Messungen im großen Maßstab durchgeführt worden. In den letzten vier Jahren ist die Anzahl der Bohrmeter stark gestiegen – von 61000 Metern im Jahre 1953 auf 200000 Meter im Jahre 1957. Die durchgeführten Arbeiten ergaben die Möglichkeit, inmitten der zahlreichen Anomalien die aussichtsreicheren Flächen auszusondern, die in erster Linie zum Abbohren in Frage kamen.

Durch die Arbeiten der letzten Jahre wurde bewiesen, daß die geographische Ausdehnung der Kursker magnetischen Anomalie bedeutend größer ist als früher vermutet wurde. Die magnetischen Anomalien ziehen sich in nordwestlicher Richtung auf fast 600 km Länge bei einer Breite bis 100 km hin.

Auf dieser Fläche heben sich deutlich zwei parallele Anomalienzüge ab. Hier lagern in der Teufe steilgefaltete Eisenquarzitschichten, die einst zu einem ausgedehnten Bergland gehörten. In den darauffolgenden geologischen Zeitaltern wurden die Gebirge abgetragen und die entstandenen Ebenen von den Wässern des Karbonmeeres und später von den mesozoischen und tertiären Meeren überflutet. Im Laufe von Jahrmillionen wurden die Eisenquarzite komplizierten Umwandlungs- und Verwitterungsprozessen unterworfen, die teilweise zu einer Anreicherung führten und sie hier und dort in reiches Eisenerz umwandelten. Dieses wurde von einem mächtigen Schichtenpaket jüngerer Sedimentgesteine überlagert.

Auf diese Weise entstanden in den Gebieten der Belgorod-Obojanschen und Kursker magnetischen Anomalie die wohl unerschöpflichen Vorräten von Eisenquarziten. Der größte Teil von ihnen gehört durch seinen hohen Eisengehalt von über 60% und die geringe Menge schädlicher Bestandteile zur Gruppe der hochwertigsten Eisenerze.

Das Belgorod-Obojansche Eisenerzbecken streicht fast in meridionaler Richtung von der Stadt Obojan im Norden bis zum Dorf Schebekino im Süden. Die Eisenerzkörper lagern hier in einer Teufe von 400–500 m. Innerhalb dieses Beckens ist die Jakowlewsche Lagerstätte am eingehendsten erkundet. Die Erkundungsarbeiten werden von den Geologen N. I. IWANTSCHENKO und S. I. TSCHAIKIN geleitet. Das Erz der Jakowlewschen Lagerstätte zeichnet sich durch seine hohe Qualität aus, mit der nur einige Erze des Gebietes von Kriwoi Rog verglichen werden können. Nach den Vorratsberechnungen übersteigen die reichen Eisenerzvorräte dieser Lagerstätte um das Doppelte die gesamten Vorräte des in der Sowjetunion bisher größten Eisenerzvorkommens von Kriwoi Rog.

Besonders aussichtsreich erscheint die im Jahre 1955 entdeckte bedeutende Lagerstätte von Gostischtschewsk, im Zentrum des Belgorod-Obojanscher Eisenerzbeckens. Hier erreicht die Erzzone eine Breite bis zu 2 km bei einer senkrechten Mächtigkeit von durchschnittlich über 100 m. Das ausgedehnte Eisenerzlager ist in seiner ganzen Erstreckung durch Profile aufgeschlossen worden. Überall wurden hochwertigste Eisenerze angefahren. Die Grenzen der Lagerstätten sind vorläufig noch nicht festgelegt. Nach Berechnungen des Geologen I. A. RUSSINOWITSCH sind die Vorräte der Lagerstätte Gostischtschewsk so bedeutend, daß sie die Vorräte der Lagerstätte Jakowlewsk augenscheinlich um das Doppelte übertreffen.

Außerdem sind im Gebiet des Belgorod-Obojanschen Beckens die Lager von Malinowsk, Teterewinsk und Werchenensk entdeckt worden, die vorläufig noch nicht erforscht sind. Im südlichen Teil des Beckens ist lediglich eine geophysikalische Untersuchung durchgeführt worden. Die allgemeinen geologischen Verhältnisse waren hier für die Bildung von reichen Erzlagern sehr günstig. Die ersten im Jahre 1957 niedergebrachten Schürfsonden erbohrten in der Teufe von 400–600 m Lager reicher Eisenerze bis zu 50 m Mächtigkeit.

Die in den Jahren 1956–1957 vom Ministerium für Geologie und Bodenschätze durchgeführten hydrogeologischen Untersuchungen haben ergeben, daß die Schwierigkeiten, die sich aus der Wasserführung des Deckgebirges ergeben könnten, stark übertrieben wurden. Die wirtschaftliche Auswertung dieser Lagerstätten ist eine durchaus reale Sache, die große Perspektiven für die Entwicklung der Eisenmetallurgie der UdSSR besitzt. Allein die Aufnahme des Abbaus auf der Lagerstätte Jakowlewsk würde eine zusätzliche Produktion von 15 Mio jato erstklassigen Erzes ermöglichen. Durch geophysikalische Untersuchungen wurden im Jahre 1948 die reichen Eisenerzlager der Lagerstätte Michailowskoje im nördlichen Teil der Kursker Magnetanomalie, 90 km von der Stadt Kursk entfernt, entdeckt. Die Eisenerze der Lagerstätte Michailowsk lagern in einer verhältnismäßig geringen Teufe von 50–150 Metern unter der Erdoberfläche. An keinem anderen Punkt der ausgedehnten Kursker magnetischen Anomalie treten die Gesteine des kristallinen Fundaments so nahe an die Tagesoberfläche wie in der Michailowsken Lagerstätte. Bedauerlicherweise wurden die reichen Eisenerze, die sich bei der Eisenquarzitverwitterung gebildet hatten, in den späteren geologischen Zeitaltern weitgehend abgetragen. Daher stellt die Michailowsker Lagerstätte nur noch einen Rest der einst sehr mächtigen Vererzung dar. Durch Erkundungsarbeiten sind hier auf Flächen bis 16 km² reiche Erze festgestellt worden. Ihre durchschnittliche Mächtigkeit beträgt 15 m. An Qualität erreichen diese Erze nicht die des Belgorod-Beckens, da sie nur ungefähr 54–56% Eisen enthalten. Im mittleren Teil der Lagerstätte fehlen die reichen Erze; jedoch treten hier eisenhaltige Quarzite mit einem recht hohen Eisengehalt (von 37–40%) auf. Ein Teil von ihnen kann ohne große Schwierigkeiten aufbereitet werden.

Die geologischen Verhältnisse der Lagerstätte Michailowsk ermöglichen eine gleichzeitige Ausbeute der Reicherze und der Quarzite im Tagebau. Gegenwärtig ist das Abbauprojekt bei Michailowsk abgeschlossen, und die Vorbereitungen für den Abbau wurden eingeleitet.

Es ist dringend notwendig, die Vorräte an Reicherzen ständig zu vergrößern und neue aussichtsreiche Lagerstätten im Bezirk der Kursker magnetischen Anomalie zu entdecken. Das Ministerium für Geologie und Bodenschätze hat für die nächsten Jahre geplant, die geologischen Forschungsarbeiten in der Kursker magnetischen Anomalie bedeutend zu erweitern. Nicht ausgeschlossen ist hier die Entdeckung weiterer wertvoller nutzbarer Bodenschätze, die wie Bauxite und silikatische Nickelerze an Verwitterungszonen geknüpft sind.

Als eine äußerst wichtige Aufgabe für die Geologen erscheint die Zusammenfassung des gewaltigen Beobachtungsmaterials, das sich in den letzten Jahren angehäuft hat. Für die Belgorod-Kursker Anomalie ist es notwendig, regionale geophysikalische, geologische und hydrogeologische Karten anzufertigen und die Gesetzmäßigkeiten der Verbreitung der reichen Vererzungen zu klären und vollkommenere Methoden für die Erschließung und Aufbereitung der Eisenerze auszuarbeiten. Man kann sich nicht länger mit dem bisher unzureichenden Tempo bei der Nutzbarmachung der wertvollen Vorräte der Kursker magnetischee Anomalie abfinden.

Im südöstlichen Teil der Kursker magnetischen Anomalie befindet sich der sogenannte Staro-Oskolski Eisen-

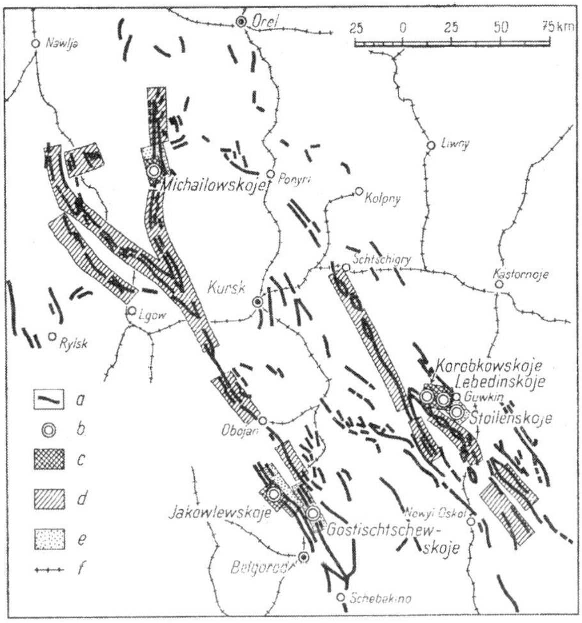

Die Lagerstätten der Kursker Magnetanomalie

(a – Ausbisse von Eisenquarziten; b) – Zum Abbau vorgesehene Eisenerzlagerstätten; c) – Untersuchte Verkommen; d) – Durch Aufsuchen und Erkunden festgestellte Lagerstätten; e) – In Untersuchung befindliche Lagerstättenteile; f) – Eisenbahnlinien

erzbezirk, der seit dem Jahr 1920 geologisch erforscht wird. Vorläufig ist in diesem Bezirk nur die bedeutende Lagerstätte Lebedinsk untersucht. Die reichen Eisenerze sind hier hauptsächlich durch oxydierte Magnetit/Martite mit einem Eisengehalt von 54–57% vertreten.“

Der Minister für Geologie kritisiert zum Schluß scharf und eindeutig die Methode und das Tempo der bisherigen Erkundungsarbeiten, die von dem aufgelösten Ministerium für Eisenhüttenwesen und seinen Hauptabteilungen durchgeführt worden sind. In 20 Jahren sei so wenig geschehen, daß man eigentlich erst vom Jahre 1956 mit der Aufnahme exakter Erkundungsarbeiten rechnen könne. Trotzdem hätte das Ministerium für Eisenhüttenwesen bis zum letzten Tag seines Bestehens seinen übertriebenen Pessimismus vor allem mit der Theorie begründet, daß das stark wasserführende Deckgebirge die Aufnahme des Eisenerzbergbaus unmöglich machen würde. Außerdem bemängelte der Minister, daß die Bauprojekte nicht miteinander koordiniert waren und systemlos durchgeführt wurden. Als besonders krassen Fall hob er hervor, daß gleichzeitig mit dem Neubau der Stadt Gubkin in nur 6–9 km Entfernung von ihr mit dem Aufbau einer zweiten Stadt bei Lebedinsk begonnen worden war. Die örtlich vorhandenen Baustoffe wurden zu wenig ausgewertet und daher fremde oft über Hunderte von Kilometern zu den Baustellen befördert.

Die magnetischen Anomalien liegen im Bereich der Volkswirtschaftsräte Kursk und Belgorod. Der Minister für Geologie fordert, daß diesen Volkswirtschaftsräten die Arbeiten übertragen werden, die bisher von Moskau, Leningrad, Charkow, Rostow, Lwow und anderen Orten aus geleitet wurden. Damit die reichen Eisenerzlager der gesamten Kursker Anomalie baldigst aufgeschlossen und vor allem die Projektierung und Aufschließung von Tagebauen vorangetrieben wird, ist es nötig, daß die zentralen Planungsstellen der UdSSR die Volkswirtschaftsräte der Bezirke weitgehend unterstützen.

E. Lange

Zur Diskussion über den „besten“ Mittelwert für geologische Erkundungsdaten

Friedrich Stammberger, Berlin

1. Einige Ursachen der Diskussion

Im stichprobenartigen Charakter der geologischen Erkundung sind die Ursachen dafür zu suchen, daß der Erkundungsgeologe nur Mittelwerte für die Merkmale der untersuchten Lagerstätte geben kann. Abweichungen der Abbauergebnisse von den aus den Erkundungsergebnissen errechneten Mittelwerten haben nicht nur eine Atmosphäre des Zweifels und der Unsicherheit in die Zusammenarbeit von Geologen und Bergmann getragen und die Geologen zur Ausarbeitung „zulässiger Toleranzen“ für die gemachten Angaben veranlaßt (Vogel 1954, Reh 1956, Stammberger 1956a, 1957b, Jahns 1956 u. a.), sondern auch zur Überprüfung der Mittelwerte selbst geführt (hinsichtlich ihrer Richtigkeit und Zuverlässigkeit, ihrer Eignung für die Zwecke der Lagerstättenerkundung).

In der geologischen Praxis ist das einfache sowie das gewogene arithmetische Mittel besonders verbreitet. Es wurde bereits mitgeteilt (Stammberger 1957a), daß die Anwendung des arithmetischen Mittels umstritten ist. Seine hervorragende Eigenschaft, die es mit jedem Mittelwert teilt, nämlich die Vielfalt der Werte jedes Merkmals durch eine einzige Zahl quantitativ auszudrücken, wird immer häufiger angezweifelt. Besonders häufig wurde ihm „Überbewertung“ von Lagerstätten zu Lasten gelegt, da „unter den berechneten arithmetischen Mitteln liegende Abrechnungen der Werkleitungen die dünngesäten gegenteiligen Mitteilungen überwiegen“ (de Wijs 1953a). Gesucht wurde infolgedessen ein „besserer“ Mittelwert, der am genauesten den tatsächlichen durchschnittlichen Wert des Merkmals wiedergibt.

Mittelwerte können auf verschiedene Weise berechnet werden: als gewöhnliches arithmetisches Mittel, als gewogenes arithmetisches Mittel, als quadratisches, harmonisches, geometrisches usw. Sie unterscheiden sich durch ihre Eigenschaften wie auch wertmäßig. Daneben wurden als Charakteristiken geologisch-statistischer Kollektive noch der häufigste Wert, der mittelste Wert u. a. vorgeschlagen. Es wäre kaum zweckmäßig, alle diese Vorschläge zu überprüfen und hier zu behandeln. Es genügt wohl, sich auf die gebräuchlichsten Mittelwerte – das gewöhnliche und das gewogene arithmetische Mittel – und den Vorschlag de Wijs (1951, 1953a) zu beschränken.

Vorher muß jedoch als ein Irrtum die weitverbreitete Vorstellung charakterisiert werden, wonach ein bestimmter Mittelwert besser oder genauer sei als ein anderer.

Jeder Mittelwert hat sein bestimmtes Anwendungsgebiet, für das nur die Anwendung dieses Mittelwertes in der Regel richtig und die eines jeden anderen falsch ist.

Der Diskussion über den „besten" Mittelwert für geologische Erkundungsdaten muß daher u. a. die Klärung folgender allgemeiner Fragen vorausgehen:

a) Welcher Mittelwert eignet sich für die quantitative Charakterisierung eines Lagerstättenmerkmals?

b) Kann *ein* Mittelwert als allgemeingeeignet für alle Merkmale empfohlen werden?

Jeder Mittelwert wird aus einem statistischen Kollektiv berechnet; er charakterisiert sowohl das Kollektiv als auch die Grundgesamtheit, welche durch das Kollektiv vertreten wird. Die Art des Mittelwertes und seine Berechnung muß deshalb die Besonderheiten des Kollektivs ebenso wie dessen Verhältnis zur Grundgesamtheit berücksichtigen. Auf Lagerstätten bezogen heißt das, die Besonderheiten der Verteilung des Lagerstättenmerkmals und seines Veränderlichkeitstyps (STAMMBERGER 1957a) zu beachten. Außerdem ist die Selbständigkeit bzw. Unabhängigkeit des Merkmalwertes in der Lagerstätte zu prüfen und die Art und Weise, wie das Untersuchungsmaterial (Kollektiv) erhalten wurde.

Die Forscher haben auf diese Notwendigkeiten meist nur bei der Berechnung der Charakteristiken σ und v hingewiesen (KASAKOWSKIJ 1948, KALLISTOW 1956 u. a.). Der Mittelwert wurde in diesem Zusammenhang seltener berührt.

2. Die Kritik des arithmetischen Mittels durch DE WIJS

An anderer Stelle (STAMMBERGER 1957a) wurde die DE WIJSsche Arbeitshypothese, seine Charakteristiken und Maßzahlen der Metallverteilung in Lagerstätten zum Teil kritisch referiert.

Nach der Arbeitshypothese dieses Autors wird das Lagerstättenvolumen W durch einen Schnitt in zwei Hälften W/2 geteilt. Der Durchschnittsgehalt M spaltet sich dabei ungleichmäßig auf: eine Hälfte hat $(1 + d)$ M, die andere $(1 - d)$ M als Durchschnittsgehalt. Diese Art der Teilung wird für jeden Lagerstättenteil nach dem gleichen Schema fortgesetzt. Wenn k Teilungen vorgenommen worden sind, ist die Lagerstätte folglich in $N = 2^k$ Teile oder „Blöcke" aufgegliedert. Jeder dieser Blöcke hat einen bestimmten Durchschnittsgehalt. Bei k Teilungen liegen $(k + 1)$ Gehaltsgruppen vor, zu denen die 2^k Lagerstättenteile mit verschiedener Häufigkeit gehören. Die Gehalte dieser acht Gruppen nehmen Werte ein, welche der allgemeinen Formel

$$(1 + d)^x \; (1 - d)^y$$

entsprechen; die Exponenten x und y sind in ihrer Summe stets gleich k und nehmen *nacheinander* Werte ganzer, realer Zahlen von Null bis k an.

Die hypothetische Verteilung der Gehalte stützt sich bei DE WIJS damit vor allem auf den Durchschnitt M, den Koeffizienten d und den Exponenten k für die Teilung $(N = 2^k)$.

Während M im ersten Teil der DE WIJSschen Arbeit (1951) in den theoretischen Betrachtungen ausnahmslos den wahren Durchschnittswert bezeichnet, in Beispielen nur dann als arithmetischer Durchschnitt auftritt, wenn alle Proben das gleiche „Gewicht" besitzen[1]), vertritt M im zweiten Teil (1953a) auch theoretisch den arithmetischen Durchschnitt (s. S. 14ff.), was kaum zur Klarheit der Darstellung beiträgt.

Ohne unmittelbar Stellung zu nehmen — wenn man eine solche nicht aus den illustrativen Beispielen seiner Arbeit herauslesen will (1951) — schreibt DE WIJS:

„Wenn die Proben mit gleichen Schlitzlängen und in gleichen Abständen genommen wurden, wird das arithmetische Mittel der Probenwerte gewöhnlich als wahrer Durchschnitt angenommen (assumed)" (1953a).

„Wenn die Schlitzlängen, die Abstände oder beides unterschiedlich sind, wird ein gewogenes arithmetisches Mittel berechnet" (1953a).

Die Wägung des Gehalts mit dem Raumgewicht hält DE WIJS in vielen Fällen für gleichermaßen zweckmäßig (equally appropriate) (1953a). Er weist mit voller Berechtigung darauf hin, daß andere Mittelwerte als das arithmetische Mittel ohne jede andere Begründung nur deshalb empfohlen und verwendet werden, weil sie „sicherer" sind, d. h. niedrigere Schätzungen des Durchschnitts geben. Im Kapitel „Schätzungen (estimation) des Durchschnittsgehaltes" beschäftigt er sich (1953a) ausführlich mit dieser Frage. Das arithmetische Mittel befriedigt ihn jedoch keineswegs:

„Das arithmetische Mittel gibt zweifellos den einwandfreien Durchschnittsgehalt für den unwahrscheinlichen Fall, daß das ganze zu berechnende Erz in Form von Proben genommen wird. Tatsächlich können unsere Proben jedoch nur einen Teil von unter 10^{-5} des Erzvolumens enthalten, das sie vertreten. Trotz dieser geringen Zahl von Probenwerten — außerordentlich geringen im Vergleich zu der Gesamtzahl der Proben, die genommen werden könnten — ist das arithmetische Mittel eine plausible Schätzung des Durchschnittsgehaltes. Das übliche arithmetische Mittel, als Näherungswert des wahren, unbekannten Durchschnittsgehaltes, ist jedoch außerordentlich empfindlich für Extremwerte, insbesondere empfindlich für extrem hohe Probenwerte" (DE WIJS 1953a).

Noch eindeutiger formulierte DE WIJS (1953b) in Essen:

„Es ist diese einseitige Empfindlichkeit, die zu einer vielfach beobachteten Überbewertung führt. Sie ist zurückzuführen auf die Asymmetrie der Verteilung . . ."

Auf die Frage, ob die Theorie der mathematischen Statistik eine bessere Methode (besser als der gewöhnliche oder gewogene arithmetische Durchschnitt) zur Bestimmung des Durchschnittsgehaltes besitzt, antwortet DE WIJS ohne Umschweife mit einem eindeutigen Ja.

3. Der von DE WIJS vorgeschlagene Mittelwert

Bei der Darlegung und Ableitung seines eigenen Vorschlages weist DE WIJS ausdrücklich darauf hin, daß er in ihm keinesfalls ein Allheilmittel (by no means a cure-all) sieht.

DE WIJS geht von seiner theoretischen binomischen Verteilungskurve und dem beobachteten bzw. berechneten theoretischen Medianwert (mittelster Wert aller der Größe nach geordneten Werte) X_0 aus. Die entsprechende Formel ist:

$$X_0 = M\,(1 - d^2)^{-1/2\,k} \qquad (1)$$

wo X_0 — der Medianwert,
M — der Durchschnittsgehalt, in Einzelfällen der arithmetische Durchschnitt,
d — der von DE WIJS vorgeschlagene Variabilitätskoeffizient,
k — der Teilungskoeffizient bzw. -exponent aus $N = 2^k$ ist.

DE WIJS orientiert sich vor allem deshalb auf X_0, weil der Median nicht durch die Größe der Einzelwerte, son-

[1]) Das heißt hier gleiche Entfernungen und gleiche Schlitzlängen (1,30 m = 0,50 m Gangmächtigkeit und 0,80 m Nebengestein).

dern durch ihre Anzahl beeinflußt wird (er wird gewöhnlich nicht berechnet, sondern durch Abzählen ermittelt). Gemäß der Arbeitshypothese von DE WIJS charakterisiert der Koeffizient d die Aufsplitterung des Durchschnittsgehaltes. $(1 - d)$ ist ebenso wie $(1 - d^2)$ kleiner als Eins. Somit ist auch X_0 kleiner als der Durchschnitt (der wahre ebenso wie der arithmetische). Die für DE WIJS positive Eigenschaft des Medians gegenüber Extremwerten paart sich infolgedessen mit der Tatsache, daß „sein Wert stets unter dem wahren Durchschnitt liegen wird“ (1953a). Diesen statistischen Mangel des Medians sucht DE WIJS dadurch zu neutralisieren, daß er einen Rechenfaktor F einführt. Aus Gleichung (1) folgt:

$$\frac{M}{X_0} = F = (1 - d^2)^{-1/2k} \qquad (2)$$

wo die Bezeichnungen die gleichen wie früher.

Wenn F in Formel (2) nach dem linken Ausdruck berechnet wird, erhält man leider nicht den gleichen Wert wie bei einer Berechnung nach dem Ausdruck auf der rechten Seite. DE WIJS erhielt bei der Durchrechnung eines Beispiels ($N = 442$; $d = 0{,}42$; $k = 8{,}788$) für F 2,34 nach der Formel der rechten Seite aus Gleich. (2). Da im gleichen Beispiel $X_0 = 3{,}35$ dwt und $M = 8{,}2$ dwt ist, ergibt sich aus

$$\frac{M}{X_0} = F = \frac{8{,}2}{3{,}35} = 2{,}45.$$

DE WIJS erklärt diese Nichtübereinstimmung damit, daß ein oder mehrere der hohen Werte nicht exakt in die Binominalverteilung passen. Nach seiner Meinung sind glücklicherweise die hohen Extremwerte „nur ungewöhnliche Vorkommnisse unter der Zahl der genommenen Proben“ (1953a). Wesentlichere Differenzen erwartet er für den Fall, daß die untersuchten Probenserien (d. h. Kollektive) nur aus einer kleinen Probenanzahl bestehen. Er schlägt vor, in solchen Fällen X_0 durch das geometrische Mittel (GM) zu ersetzen und bei weniger als 30 Einzelwerten noch den Faktor

$$\sqrt{\frac{N}{N-1}}$$

einzuführen, wo N die Zahl der Einzelwerte = „Blöcke“ $= 2^k$ ist. Der endgültige, verfeinerte Mittelwert, d. h. das mit dem Rechenfaktor F multiplizierte geometrische Mittel, erhält folgenden Ausdruck:

$$F \cdot GM = \sqrt{\frac{N}{N-1}}\,(1 - d^2)^{-1/2k} \cdot \sqrt[N]{v_1 \cdot v_2 \cdots v_N} \qquad (3)$$

wo $v_1 \cdots v_N$ — die Einzelwerte, alle übrigen Bezeichnungen bekannt sind.

Diese komplizierte und umständliche Berechnungsweise des Mittelwertes fordert zu seiner Überprüfung heraus.

4. Kritische Analyse des von DE WIJS vorgeschlagenen Mittelwertes

Wenn das arithmetische Mittel M den wahren Durchschnittsgehalt der Lagerstätte nur in Ausnahmefällen zum Ausdruck bringen kann, ist die strenge Unterscheidung beider Begriffe unbedingt zu erwarten. DE WIJS hat die Voraussetzungen formuliert (1951), bei deren Erfüllung der wahre Durchschnittsgehalt gewöhnlich als mit dem arithmetischen Mittel übereinstimmend angenommen wird. In seinen illustrativen Beispielen hat er sich dieser Anschauung angeschlossen. Wenn dieser Standpunkt richtig wäre, dann hinge die Brauchbarkeit des arithmetischen Durchschnitts nur von der Eigenart der Probenahme ab. Nichtübereinstimmung der F-Werte nach beiden Berechnungsmöglichkeiten müßten dann tatsächlich als zufällig, bedeutungslos, Ausnahmebedingungen geschuldet usw. angesehen werden. Ohne hier das Problem der Mammutgehalte und ihre Behandlung zu diskutieren, sei in dieser Hinsicht doch auf einen beachtenswerten Umstand hingewiesen. (Bei unseren folgenden Betrachtungen unterstellen wir mit DE WIJS die theoretische Binominalverteilung zunächst als richtig.)

Eines der von DE WIJS (1951, 1953a, 1953b) veröffentlichten Beispiele stützt sich auf Angaben aus einem Bericht der Pulacayo-Grube (Compania Huanchaca de Bolivia). Es handelt sich um einen Sphalerit-Quarz-Gang, der in Abständen von zwei Metern bemustert wurde. Insgesamt lagen 118 Proben vor. Die DE WIJSsche Arbeitshypothese fordert theoretisch (da er Probe gleich „Block“ setzt und die Anzahl $N = 2^k$ ist) 128 Proben $= 2^7$. Bei einer solchen Teilung der Lagerstätte wird bekanntlich angenommen, daß die Lagerstätte in 128 „Blöcke“ mit gleichem Volumen aufgespalten wird. Jeder Block hat einen Durchschnittsgehalt, welcher der binomischen Aufsplitterung des Gesamtdurchschnittes der Lagerstätte entspricht. Bei $k = 7$ entstehen acht Gehaltsgruppen, auf die sich die $128 = 2^k$ Lagerstättenteile unterschiedlich aufgliedern. Wenn der Gesamtlagerstättendurchschnitt M bekannt ist, läßt sich jeder Durchschnittsgehalt der acht Gruppen berechnen.

DE WIJS setzte den arithmetischen Durchschnitt aus 118 Proben der Pulacayo-Grube gleich M und berechnete mit seiner Hilfe die theoretischen Gehalte der acht Gruppen bei $N = 2^7 = 128$. Diese Daten (s. Spalte 1 und 2 der Tab. 1) können — da alle 128 „Blöcke“ der Lagerstätte gleich groß sind — dazu benutzt werden, um den Metallanteil jeder Gehaltsgruppe vom Metallinhalt der ganzen Lagerstätte zu berechnen.

Wie Tab. 1 zeigt, erfolgte das durch Multiplikation der errechneten Durchschnittsgehalte mit der Anzahl der Blöcke (Sp. 3); in Sp. 4 wurde der jeweilige Anteil jeder Gehaltsgruppe an dem Gesamtmetallinhalt durch Gleichsetzung der Summe der Werte in Sp. 3 gleich Hundert berechnet.

Das Ergebnis ist beachtenswert. Vier Gehaltsgruppen mit 76% aller Blöcke enthalten 88% des gesamten Metalls. 29 Blöcke oder beinahe ein Viertel (22,6%) aller Blöcke dagegen nur 9,3%. Ein einziger Block ist vor-

Tabelle 1
Bei: $M = 15{,}61$; $d = 0{,}205$; $k = 7$.

Anzahl der „Blöcke“	Theoretischer Zinkgehalt (%)	1 × 2	Prozent der Summe aus Sp. 3
1	2	3	4
1	57,59	57,59	2,8
7	37,99	265,93	13,6
21	25,07	526,47	26,2
35	16,54	578,90	26,8
35	10,91	381,85	19,3
21	7,20	151,20	7,6
7	4,75	33,25	1,6
1	3,13	3,13	0,1
128	M = 15,61	1998,32	100,0

handen, der fast drei Prozent (2,8) des Gesamtmetalles enthält. Aus dieser Verteilung des Metall*inhalts* geht die große Bedeutung der proportionellen Vertretung aller Blöcke in den Proben hervor. Solange wie bei DE WIJS die Gleichsetzung Probe = Block erfolgt, ist das kein Problem. Wenn er jedoch seine unstetige Verteilungskurve in eine stetige verwandelt, bedeutet das geologisch eine Vergrößerung von k, d. h. eine Fortsetzung der Teilung und Vergrößerung der „Block"zahl, die nun praktisch in keinem Falle mit der Probenzahl übereinstimmen kann. Hieraus ergeben sich neue Komplikationen, z. B. die Frage der Repräsentationsfähigkeit von Erkundungsdaten für die ganze Lagerstätte. Eine Frage, die wegen ihrer Schwierigkeit zweckmäßigerweise gesondert untersucht wird (s. STAMMBERGER 1958).

Probenahme bzw. die Analysenwerte der Proben und die Metallverteilung in der Lagerstätte stehen zwar in ursächlichem Zusammenhang; eine adäquate Wiedergabe der Metallverteilung durch die gezogenen Proben ist jedoch keineswegs eine Selbstverständlichkeit. Die Wahrscheinlichkeit für das Auftauchen einer Probe mit einem bestimmten Gehalt im Verlaufe der Bemusterung bestimmt der relative Anteil der Blöcke mit diesem Gehalt an allen Blöcken.

Auf Grund der Arbeitshypothese von DE WIJS liegen für jede Lagerstätte die Extreme fest, d. h. die Gehalte der äußersten Gruppen der Verteilung. Der höchste, überhaupt mögliche Gehalt ist der Metallgehalt des reichsten Erzminerals, z. B. 63,8% Zn bei Zinkblende. Der niedrigste Gehalt ist theoretisch gleich Null, praktisch entspricht er dem „geochemischen Hintergrund" für Zink im Gebiet der Lagerstätte, also geringe Spuren, wenig erhöhte Clarke. Zwischen beiden Extremen liegen infolge der Zersplitterung des als Ausgangspunkt gewählten wahren Durchschnittsgehaltes alle physikalisch möglichen Übergänge. Eine Probenahme kann bei praktisch beliebig großem Umfange die Bedingung „Block = Probe" nicht mehr erfüllen. Das Ergebnis der Probenahme wird dadurch im Hinblick auf den aus den Proben errechneten Durchschnitt abhängig von der Anzahl der genommenen Proben. Diese Abhängigkeit besteht nicht nur beim Absinken der Probenanzahl unter 30, sie gilt allgemein. Bei wachsender Einschränkung der Probenanzahl haben immer weniger Extremwerte — infolge ihrer geringen absoluten *Anzahl* — Aussicht, in den Proben vertreten zu sein.

Nehmen wir als Beispiel eine theoretische Verteilung der Gehalte, wie sie DE WIJS in seiner Tabelle III (1951) veröffentlicht hat und in unserer Tab. 1 übernommen wurden. Nehmen wir ferner an, daß nicht 128, sondern nur 32 (also noch über 30) Proben genommen wurden. Wie würden sich theoretisch diese 32 Proben über die acht genannten Gehaltsgruppen verteilen? Ihre Verteilung würde *im Mittel* vieler Versuche dem sogenannten Erwartungswert entsprechen (STAMMBERGER 1958).

In Tab. 2 wurden diese Erwartungswerte für die genannten Voraussetzungen berechnet.

Die Abrundung in Sp. 5 ist eine notwendige Folge der Tatsache, daß halbe oder dreiviertel Proben ein Unding sind (von Sammelproben natürlich abgesehen).

Wenn aus den 32 Proben der Lagerstättendurchschnitt errechnet würde, ergäbe sich 15,43 statt 15,61 (bei 128 Proben). Die Abweichung wird nicht durch eine Lage der Werte außerhalb der theoretischen Verteilung hervorgerufen, sondern durch den Defekt der Probenahme. Die Prüfung der Repräsentationseigenschaften des Untersuchungsmaterials darf offensichtlich nicht vernachlässigt werden.

Der zweite Einwand muß gegen die geäußerte Betrachtung hoher Extremwerte als „nur ungewöhnliche Vorkommnisse" erhoben werden. Derartige Extremwerte können für den zufälligen Veränderlichkeitstyp eines Lagerstättenmerkmals durchaus typisch sein (SENKOW 1957, STAMMBERGER 1957a).

Wenn nochmals die Metallverteilung der Tab. 1 betrachtet wird und besonders die Tatsache Beachtung findet, daß ein einziger Block 2,8% des gesamten Metallinhalts, 29 andere Blöcke dagegen zusammen nur 9,3% besitzen, ist es für die Beurteilung der Lagerstätte außerordentlich wichtig, über diesen Umstand richtig informiert zu werden. Mit anderen Worten, festgestellte Extremwerte fordern eine sorgfältige und vor allem richtige Behandlung. Infolge der Wichtigkeit dieses Umstandes bedarf dieses Problem einer selbständigen Behandlung, bei der auch die entsprechenden Vorschläge DE WIJS (1953a) analysiert werden können.

Tabelle 2

Anzahl der vorhandenen „Blöcke"	d. i. in Prozent von 128	Relative Häufigkeit	Mathematischer Erwartungswert	Erwartete Verteilung
1	2	3	4	5
1	0,78	0,0078	0,025	–
7	5,46	0,0546	1,747	2
21	16,40	0,1640	5,308	
35	27,36	0,2736	8,755	9
35	27,36	0,2736	8,755	9
21	16,40	0,1640	5,308	5
7	5,46	0,0546	1,747	2
1	0,78	0,0078	0,025	–
128	100,0	1,0	31,670	32

Hier soll der Hinweis genügen, daß die Gleichstellung „hoher = niedriger Extremwert" geologisch unrichtig ist und zu falschen Ergebnissen führen muß. Wenn bei geringer Wahrscheinlichkeit eines hohen Wertes, dieser durch die Bemusterung dennoch erfaßt wird, muß sein Einfluß auf den Durchschnitt (d. h. die Gesamtbewertung) entsprechend seiner Bedeutung für den Metallinhalt reduziert werden. In dem betrachteten Beispiel entspricht der eine hohe Extremwert („Mammutgehalt") 2,8% des Metallinhalts der Lagerstätte, d. h. der Summe des Metallinhalts von 10—11 Blöcken mit niedrigen Extremwerten (von geringstem Gehalt aufwärts gezählt). Wenn dieser Umstand nicht berücksichtigt wird, müssen aus den Analysenwerten — die in Einzelfällen die Verteilung der Sp. 5 aus Tab. 2 nicht einhalten, sondern nur im *Durchschnitt* mit dieser übereinstimmen — falsche Schlußfolgerungen gezogen werden.

Schließlich sei abschließend wiederholt, was an anderer Stelle (STAMMBERGER 1957a) bereits gesagt wurde und worauf auch DE WIJS (1953a) hinweist: Unterschiede zwischen dem bei der Erkundung errechneten Durchschnitt M und dem Ergebnis des Abbaus entstehen in den meisten Fällen durch physikalische Umstände und Mängel in der Arbeit. Der Versuch, die Rechnung den beim Abbau beobachteten Tatsachen durch die Einführung eines „besseren" Mittelwertes anzupassen, könnte dazu führen, die Augen vor den tatsächlichen Verlustquellen zu schließen bzw. nicht rechtzeitig Maßnahmen zur Beseitigung der Verluste zu ergreifen.

ZEITSCHRIFT FÜR ANGEWANDTE GEOLOGIE

CHEFREDAKTEUR: PROF. DR. E. LANGE

BAND 3 · 1957 · HEFT 1 BIS 12

INHALTSVERZEICHNIS

Artikel ohne Verfasserangabe

Geologie

Paläontologie

Mineralogie, Petrographie, Lagerstättenkunde

Technik

a) Bohrtechnik

b) Bergbautechnik

c) Aufbereitung, Hüttenwesen

Wirtschaftliches

Wissenschaftliche Tagungen

Sonstiges

Lesesteine

Besprechungen und Referate

Nachrichten und Informationen

5. Ist der gewogene arithmetische Durchschnitt besser als das gewöhnliche arithmetische Mittel?

Mit dem Ziele, einen genaueren, d. h. „besseren" Mittelwert zu erhalten, erfolgt die Berechnung des Durchschnittswertes für ein Lagerstättenmerkmal häufig unter Einführung sogenannter „Gewichte", also durch Wägung. Sie wird in der Praxis meist dann vorgenommen, wenn die Feststellung der Einzelwerte von Ungleichmäßigkeiten irgendwelcher Art begleitet war. Zum Beispiel können bei der Probenahme zwischen den Schlitzen ungleich große Abstände sein, die Schlitze selbst können aus irgendwelchen Gründen verschieden lang sein usw. Besonders verbreitet ist die Wägung des Gehalts mit der entsprechenden Mächtigkeit des Erzkörpers.

Der geologisch-physikalische Sinn der Wägung besteht in der Annahme oder Feststellung, daß der beobachtete Merkmalwert durch das „Gewichtsmerkmal" in irgendeiner Weise beeinflußt wird bzw. durch ein bestimmtes Abhängigkeitsverhältnis charakterisiert wird. Wenn der Gehalt z. B. mit dem Raumgewicht des Erzes gewogen wird, ist das durch die Tatsache begründet, daß Erzminerale gewöhnlich schwerer sind als die anderen. Die Wägung des Gehalts mit der Mächtigkeit scheint ebenfalls geologisch begründet zu sein. Eine nähere Prüfung zeigt jedoch, daß es des Nachweises einer solchen Beziehung bedarf.

Ohne jeden Zweifel bestehen zwischen Gehalt und Mächtigkeit eindeutige Beziehungen, wenn der Metall*inhalt* betrachtet wird. Bei der Bestimmung des Mittelwertes für den Gehalt einer Lagerstätte geht es jedoch nicht um die Metall*menge*, d. h. den Metall*inhalt*, sondern eindeutig um den Metall*gehalt*. Auch für den Gehalt *kann* in gewissen Lagerstätten eine Beziehung zur Mächtigkeit bestehen. Der Gehalt *kann* z. B. beim Auskeilen des Lagerstättenkörpers scharf ansteigen, in anderen Lagerstätten *kann* er unter den gleichen Umständen stark abnehmen. Der Gehalt *kann* — wie es in der Praxis oft der Fall ist — jedoch auch auf eine Veränderung der Mächtigkeit nicht reagieren. Daraus folgt, daß erst überprüft werden muß, ob eine Beziehung zwischen Gehalt und Mächtigkeit besteht, bevor aus beiden der gewogene Mittelwert berechnet wird. Wenn eine solche geologisch-physikalische Beziehung nicht vorliegt und dennoch das gewogene Mittel berechnet wird, gibt es unrichtige Werte; sie müssen deshalb unrichtig sein, weil sie nichtexistente geologische Verhältnisse voraussetzen. Verfasser ist sich bewußt, daß er mit dieser Feststellung ein Credo vieler deutscher Erkundungsgeologen ablehnt, welches lautet, daß die Wägung des Gehalts mit der Mächtigkeit u. a. *stets* genauere Resultate liefert.

Die aufgeworfene Frage hat nicht nur theoretische, sondern auch außerordentlich praktische Bedeutung, da durch Vermeidung eines unnützen bzw. falschen gewonnenen Mittelwertes nicht nur der Arbeitsumfang bei der Vorratsberechnung wesentlich eingeschränkt werden könnte, also Mittel und Menschen gespart werden würden, sondern das Ergebnis nicht nur nicht verschlechtert, vielmehr verbessert werden würde.

6. Die Untersuchungsergebnisse WOLODOMONOWS

Verfasser fand in einer 1944 veröffentlichten Arbeit N. W. WOLODOMONOWS „Über die Berechnungsmethode der Vorräte in Ganglagerstätten" eine ausgezeichnete Bestätigung seiner Ansichten. WOLODOMONOW suchte am Beispiel einer Goldlagerstätte die Antwort sowohl darauf zu finden, ob die Wägung der Gehaltswerte mit den zugehörigen Mächtigkeiten einen genaueren Mittelwert als das gewöhnliche arithmetische Mittel liefert und ob tatsächlich das gewogene Mittel immer einen genaueren Wert für den tatsächlichen Durchschnitt liefert. WOLODOMONOWs Veröffentlichung fand seinerzeit unter den sowjetischen Geologen wegen ihrer ungewöhnlichen Schlußfolgerung große Beachtung; auf sie wurde auch in deutschen Aufsätzen und Arbeiten hingewiesen (STAMMBERGER 1956a, 1956b). Allgemeine Schlußfolgerungen wurden für die mathematische Statistik in ihrer Anwendung auf die geologische Erkundung fast nicht gezogen.

WOLODOMONOW berechnete für 73 Blöcke seiner Lagerstätte den Durchschnittsgehalt einmal als arithmetisches und das andere Mal als mit der Mächtigkeit gewogenes Mittel und verglich die Ergebnisse miteinander. Bei 4 Blöcken stimmten die Ergebnisse überein. Bei 33 Blöcken lag das gewogene Mittel über und bei 36 Blöcken unter dem gewöhnlichen arithmetischen Mittel. Das Ausmaß der Abweichungen war verschieden: bei 47 Blöcken war es geringer als 20%, nur in vereinzelten Fällen lag es über 50%, in einem Block betrug es jedoch sogar 97%.

Da die Abweichungen nach beiden Seiten zu verzeichnen waren, konnten sie von WOLODOMONOW als zufällig betrachtet werden, d. h. als nicht geologisch bedingt. Das erklärte zugleich, warum sich diese Abweichungen der einzelnen Blöcke nur unwesentlich für die ganze Lagerstätte bemerkbar machten. (Das Gesetz der großen Zahlen ließ in diesem Falle den Ausgleich voraussehen.)

In der Praxis und vor allem für den Abbau ist es jedoch wichtig, nicht nur für die Lagerstätte als Ganzes, sondern auch für jeden einzelnen Block Angaben zu erhalten, welche den wirklichen Verhältnissen entsprechen und der Abbauplanung zugrunde gelegt werden können. Die Blöcke, in denen nach beiden Verfahren abweichende Ergebnisse festgestellt worden waren, wurden daher näher betrachtet. WOLODOMONOW stellte in allen Fällen fest, daß spürbare Abweichungen Folgen des Zusammentreffens eines überdurchschnittlich hohen oder niedrigen Gehalts mit einer überdurchschnittlich großen oder kleinen Mächtigkeit waren. In allen 69 Fällen lagen derartige Ausnahmebedingungen vor.

Höhere Werte lieferte das gewogene Mittel dann, wenn hohe Gehalte mit besonders großen Mächtigkeiten gewogen wurden, da die hohen Werte — im Vergleich zum gewöhnlichen arithmetischen Mittel — zusätzlich ein größeres Gewicht erhielten. Höhere Werte wurden ebenfalls erhalten, wenn besonders niedrige Gehalte mit kleinen Mächtigkeiten gewogen wurden. Das ist verständlich, denn auf diese Weise erhielten die niedrigen Werte bei der Bestimmung des gewogenen Mittels (verglichen mit dem gewöhnlichen) ein kleineres Gewicht.

Niedrigere Werte für das gewogene Mittel wurden umgekehrt dann erhalten, wenn hohe Gehaltswerte mit kleinen Mächtigkeiten bzw. niedrige Gehalte mit großen Mächtigkeiten gewogen wurden. Das ist ebenfalls nicht anders zu erwarten.

WOLODOMONOW formulierte daher allgemein: ein niedrigeres gewogenes Mittel ist das Ergebnis des Zusammentreffens verschieden gerichteter spürbarer Abweichungen des Gehalts und der Mächtigkeit vom üblichen (d. h. dem Durchschnitt des Blockes); ein höheres gewogenes Mittel ist das Ergebnis des Zusammentreffens gleichgerichteter Abweichungen dieser Merkmale vom üblichen. Da die Zahl der positiven Abweichungen (33) mit der Zahl der negativen (36) weitgehend übereinstimmte, da ferner beide Abweichungen über die ganze Lagerstätte verstreut, nicht auf bestimmte Bezirke lokalisiert waren, konnte nicht von einer geologischen Gesetzmäßigkeit gesprochen werden, waren die Abweichungen zufälliger Art. Daher konnte auch das gewogene Mittel keinen „besseren", d. h. genaueren Durchschnitt liefern. Im Gegenteil, die als gewöhnliche arithmetischen Mittel berechneten Durchschnittswerte mußten unter diesen Umständen als beste Ersatzwerte des wahren Durchschnitts betrachtet werden.

Die petrographische Untersuchung zeigte übrigens, daß das Gold in der untersuchten Lagerstätte vor allem an feinkörniges Chalzedon gebunden war. Diese Gangart machte zusammen mit den Mineralen der vorausgegangenen vier Generationen nur einen geringen Bestandteil der Gangfüllung aus. Die Hauptmasse gehörte dagegen zu den Mineralen der letzten der festgestellten insgesamt zehn Generationen. Damit war ebenfalls bewiesen, daß der Goldgehalt nicht an die Mächtigkeit gebunden war, d. h. keinerlei Abhängigkeitsverhältnis zwischen beiden Merkmalen der Lagerstätte bestand.

7. Eine Stellungnahme W. I. SMIRNOWS

Der bekannte sowjetische Wissenschaftler SMIRNOW schreibt in seinem Werk „Geologische Grundlagen für das Aufsuchen und die Erkundung von Erzlagerstätten (1957):

„Die Überprüfung der Vorratsberechnungen durch die Staatliche Vorratskommission (deren langjähriger Vorsitzender SMIRNOW war — F. St.) hat gezeigt, daß sich die umständlichen Wägungen bei der Berechnung des Durchschnittsgehaltes infolge des massenhaften Charakters dieser Operationen sehr wenig vom gewöhnlichen arithmetischen Mittel unterscheiden und daher in der Mehrheit der Fälle durchaus der einfache Durchschnitt zur Anwendung gelangen kann."

SMIRNOW nimmt somit zu dem von uns behandelten Thema von einer neuen Position aus einen ähnlichen Standpunkt ein. Er bringt als Beweis für seine Bemerkung die Gegenüberstellungen des einfachen arithmetischen Mittels und des gewogenen für die Blöcke eines Kassiterit-Ganges, eines Arsenopyrit-Ganges und einer Lagerstätte seltener Metalle. SMIRNOW macht außerdem die beachtenswerte Bemerkung, daß im Stadium der Erkundung meist noch unbekannt ist, welcher Mittelwert den tatsächlichen Durchschnittsgehalt am genauesten wiedergibt. Daher empfiehlt er für die überwiegende Mehrzahl der Fälle die einfachste Berechnungsart, d. h. das gewöhnliche arithmetische Mittel.

Ausgangspunkt für SMIRNOW ist somit das Gesetz der großen Zahlen aus der Wahrscheinlichkeitstheorie. Wenn eine einzelne Zufallsgröße sehr oft Werte annehmen kann, die weit von ihrem Mittelwert liegen, so verhält sich — das ist der tiefe Inhalt des Gesetzes — das arithmetische Mittel einer *großen Zahl* von Zufallsgrößen völlig anders: es nimmt mit sehr großer Wahrscheinlichkeit nur solche Werte an, die sehr nahe beim echten Mittelwert liegen (GNEDENKO & CHINTSCHIN 1955).

SMIRNOWs Argument ist somit nur für eine große Zahl von Einzelwerten gültig. Unter diesen Umständen kann das arithmetische Mittel ein anderes, für den gegebenen Anwendungsbereich besseres Mittel, mit Erfolg ersetzen.

SMIRNOWs Vorschlag ist z. B. dann besonders zu beachten, wenn die Vorräte einer Lagerstätte mit Hilfe der Methode des arithmetischen Durchschnitts (STAMMBERGER 1956b) berechnet werden. Bei dieser Methode sollte z. B. bei der Bestimmung des Durchschnittsgehaltes vom gewöhnlichen Durchschnitt nur dann abgegangen werden, wenn zwischen Gehalt und einem anderen Lagerstättenmerkmal eindeutige Beziehungen festgestellt worden sind. Wenn diese Beziehungen nur schwach entwickelt sind und viele Einzeldaten vorliegen, kann überhaupt auf Wägung verzichtet werden. (Zumal diese Methode bevorzugt benutzt wird, um allgemeine Vorratsübersichten zu erhalten.)

8. Zusammenfassung

Die Entscheidung darüber, welches Mittel für ein bestimmtes Merkmal der Lagerstätte zu berechnen ist, muß von den Eigenschaften des untersuchten Kollektivs ausgehen. Ein allgemein gültiger „bester" Mittelwert für Erkundungsdaten existiert nicht. Der Geologe hat die Aufgabe, zunächst zu untersuchen (z. B. mit Hilfe der Korrelationsanalyse), ob das untersuchte Merkmal mit einem anderen funktional oder korrelativ verbunden ist. Fehlt eine solche Beziehung, ist bei einwandfreier Probenahme, Probenbearbeitung und Analyse der arithmetische Durchschnitt zu empfehlen. Existieren solche Beziehungen, so sind sie in Form einer Wägung bei der Berechnung des Mittelwertes zu berücksichtigen. Beziehungen der genannten Art gelten als vorliegend, wenn sie mit Hilfe mathematischer Verfahren quantitativ erfaßt wurden. Geologische Vorstellungen oder Annahmen und allgemeine Eindrücke sind für eine solche Entscheidung nicht ausreichend.

Literatur

GNEDENKO, B. W. & A. J. CHINTSCHIN: Elementare Einführung in die Wahrscheinlichkeitsrechnung. — Berlin 1955.
KALLISTOW, P. L.: Die Veränderlichkeit der Vererzung und die Dichte der Beobachtungen bei der Erkundung und Bemusterung. — Moskau (Sowjetskaja Geologija Nr. 53) 1956 (russisch).
KASAKOWSKIJ, G. A.: Einschätzung der Genauigkeit der Ergebnisse im Zusammenhang mit der Geometrisierung und Berechnung der Vorräte von Lagerstätten. — Moskau 1948 (russisch).
JAHNS, H.: Grundsätzliches zur Einteilung von Lagerstättenvorräten. — „Glückauf" Heft 35/36, Essen, 1956.
REH, H.: Untersuchung der Zuverlässigkeit der Bewertung von Lagerstätten nutzbarer Rohstoffe und Ableitung einer erweiterten Klassifikation der Vorräte. — Z. angew. Geol. Heft 4, Berlin 1956.
SMIRNOW, W. I.: Geologische Grundlagen für das Aufsuchen und die Erkundung von Erzlagerstätten. — (2. Aufl.) Moskau 1957 (russisch).
STAMMBERGER, F.: Über Ungenauigkeiten und „erlaubte Fehlergrenzen" bei Vorratsberechnungen. — Z. angew. Geol. Heft 4, Berlin 1956a.
—: Einführung in die Berechnung von Lagerstättenvorräten fester mineralischer Rohstoffe. — Akademie-Verlag Berlin 1956b.
—: Zur Verteilung der Gehalte in Lagerstätten und zu den Charakteristiken der Verteilung. — Z. angew. Geol. Heft 8/9, Berlin 1957a.
—: Über die „Aussagesicherheit" des westdeutschen Entwurfs zur Einteilung von Lagerstätten. — Z. angew. Geol. Heft 8/9, Berlin 1957b.
—: Können die Erkundungsdaten die Lagerstättenverhältnisse richtig widerspiegeln? — Bergakademie, Heft 2, Freiberg 1958.
VOGEL, E.: Analyse der in verschiedenen Ländern gebräuchlichen Vorratskategorien und eigene Vorschläge zur Klassifikation von Vorräten mit besonderer Berücksichtigung des Gangbergbaus. — Freib. Forschungshefte C 10, Berlin 1954.
DE WIJS, H. J.: Statistics of ore distribution Part I. Frequency distribution of assay values. — Geol. en Mijnbouw, 1951.
—: Part II. Theory of binominal distribution applied to sampling and engineering problems. — Geol. en Mijnbouw, 1953a.
—: Die statistische Auswertung der Probenahme von Erzlagerstätten. — Erzmetall, 1953b.
WOLODOMONOW, N. W.: Über die Berechnungsmethode der Vorräte in Ganglagerstätten. — Gornij journal Nr. 3/4, Leningrad 1944 (russisch).

Die Braunkohlenerkundung in Nordwestsachsen [1)]

RUDOLF HOHL, Leipzig

Einleitung

Während die laufenden und in den nächsten Jahren verstärkt durchzuführenden geologischen Erkundungsarbeiten in der Niederlausitz teilweise noch Neuland betreten, liegen die Verhältnisse in Nordwestsachsen etwas anders. Hier ist es nicht mehr möglich, ein neues Flöz zu entdecken, wie es in der letzten Zeit anläßlich einer Bohrung bis in das Prätertiär in der Lausitz geschehen ist. Besonders im Hauptraum des Braunkohlenvorkommens im nordwestlichen Sachsen mit der „älteren Braunkohlenformation" (Reviere Zeitz, Meuselwitz, Borna), der von G. MEYER (1951) als „*Weißelster-Becken*" bezeichnet wurde, ist die Verbreitung der Flöze seit längerer Zeit bekannt. In einzelnen Gebieten wurde zur endgültigen Klärung der Lagerungsverhältnisse Mitte und Ende der 20er Jahre seitens des sächsischen Staates noch eine Reihe tieferer Bohrungen bis in das Liegende der tertiären Schichtenfolge gestoßen und vom damaligen Sächsischen Geologischen Landesamt unter Leitung von K. PIETZSCH bearbeitet.

Aus diesen Tatsachen ergeben sich für die geologische Erkundung in Nordwestsachsen seitens der StGK andere Aufgaben als in der Niederlausitz, wo vielfach die Lagerstättenfelder noch nicht genauer bekannt und daher auch an die Industrie noch nicht übergeben sind. In Nordwestsachsen kam es auf die Erkundung einzelner, in ihrem speziellen Aufbau noch nicht vollständig geklärter Restfelder, insbesondere aber auf die Untersuchung der vielfach noch nicht sicher bekannten Randgebiete der Kohleverbreitung, an. Die genaue Kenntnis der Bauwürdigkeitsgrenze war deshalb besonders wichtig, weil die fortschreitende Bebauung immer neue Räume verlangt, die naturgemäß außerhalb der Interessengebiete des Braunkohlenbergbaues liegen müssen.

Die zu bearbeitenden Einzelobjekte der letzten Jahre wurden jeweils mit dem VEB Projektierungs- und Konstruktionsbüro „Kohle", Außenstelle Mitteldeutschland in Leipzig, diskutiert und festgelegt.

Neben derartigen Arbeiten im Bereich des Weißelster-Beckens wurden mehrfach durch den Geologischen Dienst einzelne kleine Vorkommen von Braunkohle untersucht, die in randlich gelegenen, isolierten Braunkohlenbecken inmitten aufragender Klippen fester Gesteine des alten Gebirges im nordwestsächsischen Raum nicht selten auftreten und als „jüngere Braunkohlenformation" bezeichnet werden, z. B. bei Brandis, Colditz, Grimma usw. Schon äußerlich unterscheiden sich diese im ganzen dem Oberen Oligozän zuzurechnenden Braunkohlen von den älteren, neuerdings als Obereozän erkannten (W. KRUTZSCH & D. LOTSCH 1957) des Weißelster-Beckens durch ihren Reichtum an Xylit. Im Gegensatz zu den Erkundungsarbeiten im Hauptbecken wurden hier die einzelnen Vorkommen durch planmäßige Abbohrung genauer untersucht und Vorräte bis zur Kategorie A_2 ermittelt: handelt es sich doch um unmittelbare Vorbereitungsarbeiten für die Produktion bei kleinen volkseigenen Betrieben der örtlichen Wirtschaft der Kreise. Derartige Untersuchungen haben deshalb in den letzten Jahren eine größere Rolle gespielt, weil die Bereitstellung von Brennstoffen für die Bevölkerung in der unmittelbaren

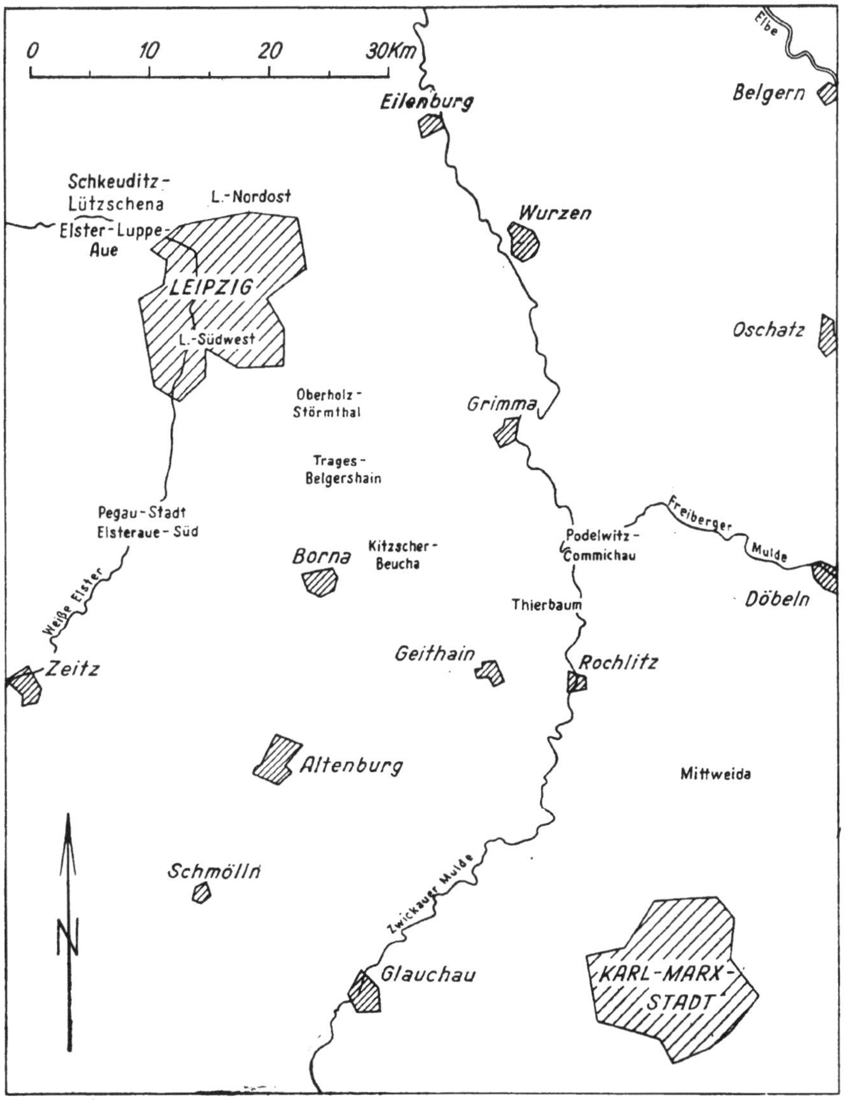

Abb. 1. Übersichtskarte des Erkundungsgebietes mit der Lage der Erkundungsobjekte

[1)] Gekürzt nach einem im Wissenschaftlich-Technischen Kabinett der StGK in Berlin am 2. 8. 57 gehaltenen Vortrag.

Holozän		Auelehm, z. T. mit Torflagen, und Flußschotter
Pleistozän		Würmglazialer Löß und Flußschotter Riß- und mindelglaziale Geschiebesande Grundmoränen, Bändertone und Flußschotter
Pliozän		Flußschotter (ggf. ältestes Pleistozän)
Untermiozän bis Mittelmiozän		Jüngstes, unreines Braunkohlenflöz, bisweilen durch ein schwaches Mittel aufgespalten, örtlich bis 4 m mächtig, meist weniger; im Osten und Nordosten von Leipzig (Raum Taucha – Machern – Brandis – Hohburger Berge – Dahlen)
Oberoligozän		Verschiedenkörnige Sande und Tone, besonders im Hangenden vielfach fetter Tomkomplex; Sand und Ton sich örtlich vertretend und ineinander übergehend, mit zwischengeschaltetem Braunkohlenflöz von 4 m und z. T. etwas größerer Mächtigkeit, reich an Xylit. – Braunkohlen der randlichen Becken ev. nicht ganz gleichaltrig, z. T. vielleicht noch Mitteloligozän Im Liegenden der randlichen Einzelbecken von Brandis, Grimma usw. unter dem Kohleflöz vielfach stark wasserführende Sande und Kiese
Mitteloligozän („Hangendschichten der älteren Braunkohlenformation“)		Sand, grau, fein, gut geschichtet, schwach tonig oder gut geschichteter Formsand von Rötha-Zwenkau-Pödelwitz („Pödelwitzer Sande“), bis über 40 m mächtig Geschichteter, grauer Meeressand, in den tieferen Teilen meist stärker tonig, wechselnd glaukonitisch, schwach kalkhaltig, mit Muscheln, Schnecken, Haifischzähnen und seltenen Resten von Wirbeltieren, z. T. mit Kalkkonkretionen (Septarien) oder zu Kalksandstein verkittet, z. T. mit Phosphoritkonkretionen Schlecht geschichtete, marmorierte, kohlige Sande von bräunlicher Farbe, mit zahlreichen Kohleschmitzen, örtlich von einem bis 1 m mächtigen unreinen Braunkohlenflöz wahrscheinlich allochthonen Charakters unterlagert.
Obereozän	*Oberflöz*	Oberflöz („*Böhlener Oberflöz*“, Flöz IV), ursprünglich am weitesten verbreitet, im Süden meist erodiert; im Norden 8 bis 10, z. T. 12 bis 14 m mächtig (Raum Böhlen-Rötha), nördlich und nordöstlich von Leipzig ausgehend
	Mittel	Mächtige, scharfe, gröbere bis feine Sande, wasserführend, 5 bis 7 m, z. T. 14 m mächtig, daneben oder über diesen im Hangenden des „Thüringer Hauptflözes“ überwiegend 6 bis 8 m, z. T. bis 14 m mächtiger, vorwiegend fetter Ton, örtlich vielfach durch Sandlagen unterbrochen (Leitschicht: „Haselbacher Ton“)
	Hauptflöz	Hauptflöz („*Bornaer Hauptflöz*“, Flöz II), 12 bis 14 m mächtig, im Bornaer Revier bis zur Schnauder reichend, weiter südwestlich in mächtigen Flußsanden auskeilend, die es von einem höheren Flözteil („*Thüringer Hauptflöz*“, Flöz III) trennen. Dieses 12 bis 15 m mächtige Flöz kennzeichnet das Zeitzer und Thüringer Revier.
	Mittel	Feiner Kies bis grober Sand, wasserführend, besonders in der Beckenmitte ausgebildet, nach oben z. T. in tonigen Sand und Ton übergehend, 12 bis 15 m, z. T. bis rund 30 m mächtig
	Unterflöz	Unterflöz („*Sächsisch-Thüringisches Unterflöz*“, Flöz I), ungleichmäßig mächtig, auf die Mitte des Weißelster-Beckens beschränkt, meist 3 bis 4 m mächtig, in einzelnen Kesseln, besonders im Westen des Gebietes auf 30 m, im Raum Profen auf über 50 m Stärke anschwellend
	Liegendschichten	Ton, fett, meist 4 bis 6 m mächtig Mittlere bis feine Kiese, gelegentlich mit Sandlagen, stark wasserführend („Liegendwässer“), besonders im Süden; im Norden durch Ton und feine, oft tonige Sande ersetzt, 40 bis 50 m mächtig. Lokal in der Beckenmitte erste Flözbildung, im allgemeinen 2 bis 3 m, selten über 5 m mächtig (*Flöz x*) Kaolinton, schluffig bis feinsandig, z. T. mit Geröllen (Raum Profen-Pegau), in kaolinisch zersetztes Prätertiär übergehend
Prätertiär		Grauwacke des Algonkiums, quarzitische Gesteine und Quarzitschiefer des Tremadocs, Grillenberger Schichten des Westfals D, Rotliegendes mit Porphyren, Bunte Letten und Plattendolomit des Zechsteins, Bunte Letten und Sandsteine des Bundsandsteins u. a. m.

Umgebung eines solchen Betriebes die Verkehrsmittel erheblich entlasten kann. Von diesen kleinen Gruben wird die geförderte xylitische Kohle als Rohkohle oder in Form von Naßpreßsteinen, z. T. auch von Stangenbriketts, abgesetzt.

Die geologischen Verhältnisse

Die geologischen Verhältnisse im nordwestsächsischen Tertiär mag vorstehende Tabelle veranschaulichen, in der für die „ältere Braunkohlenformation“ des Weißelster-Beckens die von G. MEYER (1951) gewählte Flöznumerierung jeweils in Klammern angegeben ist.

Wie die Untersuchungen des gesamten Weißelster-Beckens gezeigt haben, wurde die Braunkohle in einem sich langsam senkenden Becken abgelagert, dessen Ränder von aufragendem Prätertiär gebildet werden. Aus der Tabelle geht hervor, daß in Nordwestsachsen 3 Perioden der Flözbildung unterschieden werden können:

1. Im Obereozän (Weißelster-Becken)
2. Im Oberoligozän („Bitterfelder Komplex“)
3. Im späten Untermiozän bis frühen Mittelmiozän („Lausitzer Kohle“).

Bauwürdige jüngere, oberoligozäne Braunkohle über der älteren Braunkohle des Obereozäns, die das Weißelster-Becken kennzeichnet, findet sich nur in einem kleinen Gebiet nördlich, nordöstlich und nordwestlich von Leipzig, wo die ältere Kohle ausgeht, z. T. aber hier noch von bauwürdiger, umgekehrt in südlicher Richtung auf Leipzig zu ausgehender, holzreicher, jüngerer „Bitterfelder Kohle“ überlagert wird. Die kleinen Ausläufer der untermiozänen Lausitzer Kohle haben nur geologisches Interesse und sind an keiner Stelle bauwürdig. Sie können deshalb außer Betracht bleiben.

Die einzelnen Erkundungsobjekte (Abb. 1)

A. *Weißelster-Becken*

1a. Trages-Belgershain, Kreis Borna

Bis ins Prätertiär gestoßene Bohrungen im Randgebiet der Kohleverbreitung, die zwecks Freigabe des nicht bauwürdigen Raumes für die Bebauung durchgeführt wurden (Abb. 2).

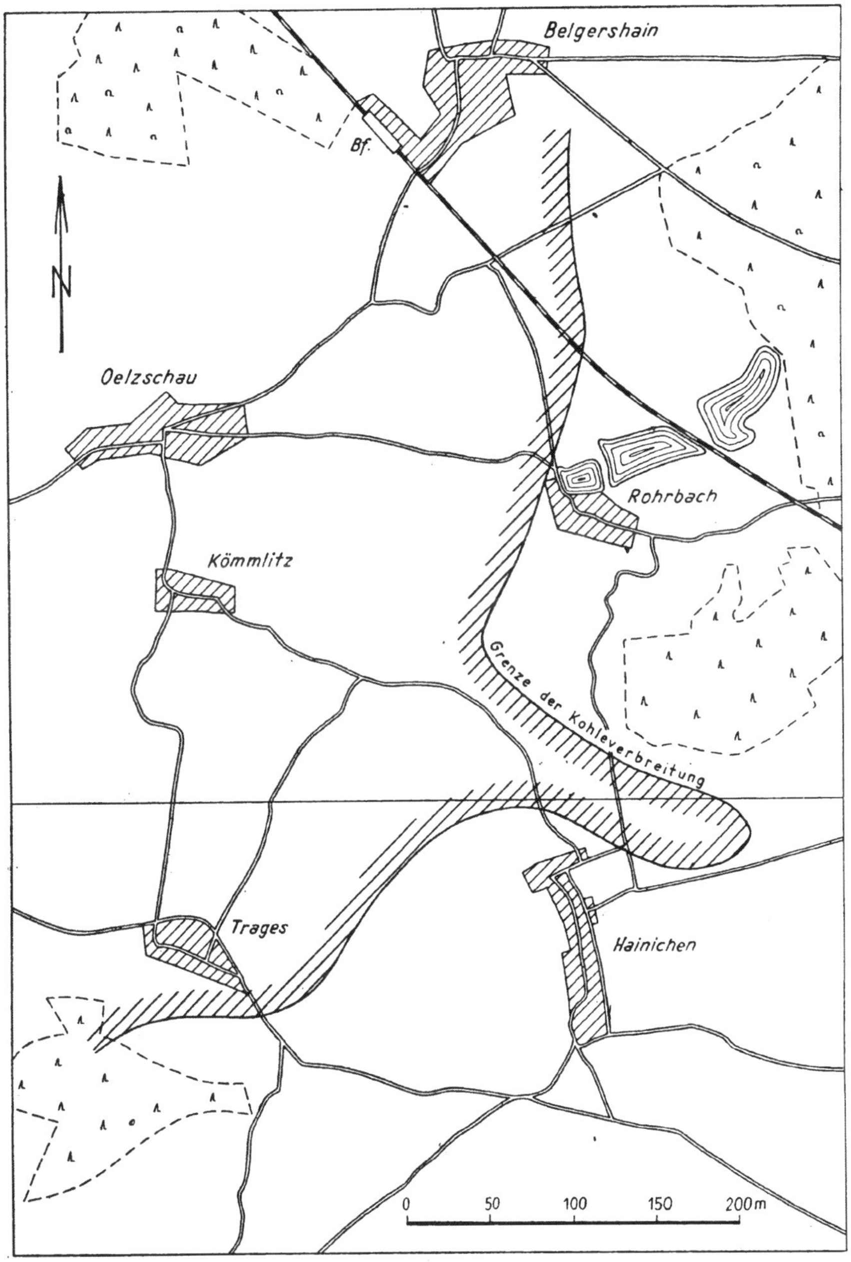

Abb. 2. Übersichtskarte der Grenze der Kohleverbreitung am Rande des Nordsächsischen Sattels bei Hainichen-Trages-Belgershain, südöstlich von Leipzig

1b. Kitzscher-Beucha, Kreis Borna

Untersuchungsbohrungen zwecks Abgrenzung des nicht bauwürdigen Teiles im Rahmen der geplanten Verlegung einer Eisenbahnstrecke.

2. Oberholz-Störmthal, Kreis Leipzig

Bis ins Prätertiär gestoßene Bohrungen im Randgebiet der Kohleverbreitung.

3. Leipzig-Nordost

Untersuchung der Kohleverbreitung im Ausgehenden des Oberflözes des Weißelster-Beckens und des Auftretens der jüngeren, oberoligozänen Bitterfelder Braunkohle im dortigen Raum. Die endgültige Abgrenzung der bauwürdigen Zonen bleibt weiteren Untersuchungen seitens der Industrie überlassen. Im Rahmen dieser Abbohrung wurde bei Leipzig-Mockau der „Leipziger Granit" entdeckt (HOHL, 1955).

4. Schkeuditz-Lützschena bzw. Schkeuditz-West, nordwestlich von Leipzig

Klärung der Lagerungsverhältnisse im Raum Schkeuditz, wo das im Osten von Schkeuditz auf Leipzig zu vorhandene Oberflöz des Weißelster-Beckens ausgeht, während westlich von Schkeuditz von Westen her das „Hallesche-Bruckdorfer Flöz" ebenfalls an aufragendem Prätertiär seine Begrenzung findet. Die Bohrungen wurden zum größten Teil bis in das Prätertiär geführt.

5. Elster-Luppey-Aue im Raum Schkeuditz

Planmäßige Abbohrung südlich von Schkeuditz zur Klärung der Bauwürdigkeit der Aue, des Altersverhältnisses der unter 4. beschriebenen Flöze und der Ausbildung des Prätertiärs.

6. Leipzig-Südwest[1])

Untersuchungsbohrungen in der jungen Aue der Pleiße und Elster im Leipziger Stadtgebiet zur Feststellung der Bauwürdigkeit. Da im Leipziger Westen der Grauwackenrücken des Nordsächsischen Sattels aufragt, an den sich das Braunkohlenflöz anlagert (Abb. 3), mußte erkundet werden, wie weit das randlich steil abfallende Prätertiär in östlicher Richtung unter der Aue höher aufragt. Die Fortsetzung dieser Untersuchungen erfolgt später durch die Industrie

7. Elsteraue-Süd, Kreis Borna

Klärung des Auftretens einer Sandeinlagerung im dortigen Raum, die den Abbau des Hauptflözes im Gebiet der Elsteraue südlich von Pegau und Groitzsch unmöglich macht.

8. Pegau-Stadt

Aufgabe der tiefen, bis in das Prätertiär geführten Bohrungen im Stadtgebiet von Pegau war die Untersuchung der Bauwürdigkeit des nur in einzelnen Kesseln verbreiteten Unterflözes, da die bisher bekannten Bohrungen Widersprüche aufwiesen.

B. Randliche isolierte Braunkohlenbecken

Wie oben bereits gesagt, wurde bei diesen Objekten eine planmäßige Abbohrung durchgeführt, und es wurden Vorräte bis zur Kategorie A_2 ermittelt. Bis auf das Objekt Thierbaum, Kreis Grimma, das die hier ausgehende Kohle des Weißelster-Beckens betraf, handelte es sich bei allen übrigen Objekten um oberoligozäne Xylitkohle, die in kleinen Becken zwischen aufragendem, altem Gebirge auftritt.

9. Podelwitz-Commichau, Kreis Grimma

Hier wurde in älterer und jüngerer Zeit Tiefbau betrieben. Die weitere Kohleverbreitung war unklar. Die stark xylitische Kohle ist randlich an aufragende Klippen aus Quarzporphyr angelehnt. Bei der Erkundung wurde in einem Teil des Bohrgeländes im Hangenden Schamotteton festgestellt.

10. Mittweida (Altmittweida), Bezirk Karl-Marx-Stadt

Hier wurde bereits seit dem vorigen Jahrhundert Kohleabbau betrieben. Dadurch, daß in der gegenwärtigen Grube

[1]) Die unter 6. bis 8. und z. T. 11 angeführten Objekte wurden unter Leitung des Verfassers durch Dipl.-Geol. BÖHME bearbeitet.

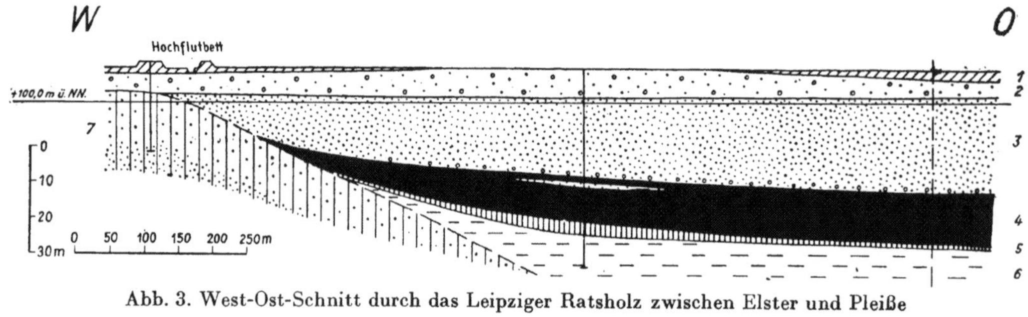

Abb. 3. West-Ost-Schnitt durch das Leipziger Ratsholz zwischen Elster und Pleiße

Holozän: 1 – Auelehm, 2 – Flußschotter (Sand und Kies); Mitteloligozän: 3 – „Meeressand" (toniger oder feinsandiger Schluff bis schluffiger Ton, an der Basis geringmächtige, unreine Kieslage); Obereozän: 4 – Braunkohle, 5 – kohlehaltiger Ton („Wurzelboden"), 6 – Ton, kaolinisch; Untergrund: 7 – Bunte Letten und arkoseartige Sandsteine, zuoberst stärker zersetzt (Grillenberger Schichten des Westfal D)

am Abbaustoß die Kohle weniger wurde, machte es sich notwendig, genauere Erkundungen zwischen der jetzigen und einer alten aufgelassenen Grube anzusetzen. Wie die Schnitte der Abb. 4 erkennen lassen, ist das Flöz an aufragende Granulitklippen angelehnt und erscheint an diesen hochgezogen.

11. Thierbaum, Kreis Grimma

Zwischen zahlreichen alten, meist ersoffenen Gruben befinden sich kleine Restfelder und höffige Geländestücke. Im Liegenden der dortigen Kohle wurde Porphyrkaolin festgestellt, der später genauer auf Bauwürdigkeit untersucht werden soll.

Aufgaben und Abbohrung

Wenn auch die Hauptaufgabe der einzelnen Untersuchungsarbeiten darin bestand, Verbreitung und Bauwürdigkeit der Kohleflöze zu erkunden, so wurden bei den Abbohrungen der StGK jeweils auch die geologischen Verhältnisse der Decke genauer untersucht und außerdem Ermittlungen über das Prätertiär angestellt. Dies erschien deshalb um so wichtiger, als im Rahmen der geologischen Erkundung die Aufgabe besteht, überall Natur und Ausbildung der prätertiären Schichtenfolge kennenzulernen. Da Bohrungen seitens der Braunkohlenverwaltung meistens rund 1 m unter dem tiefsten Flöz aufhören bzw. von dort, wo sie ausnahmsweise tiefer gebohrt wurden, keine Bohrproben mehr vorhanden sind, sondern nur bedingt verwertbare Bohrmeisterangaben, ist das Erbohren des Prätertiärs schon aus dem Grund zweckmäßig, um später bei der Kartierung des Gebietes nicht noch einmal tiefe Bohrlöcher ansetzen zu müssen. Es ist wirtschaftlicher, eine zum Beispiel 80 m tiefe Bohrung durch Kaolinton hindurch um 20 bis 30 m bis in das Prätertiär zu vertiefen, als zur Erkenntnis der darunter folgenden Schichten eine über 100 m tiefe Bohrung neu anzusetzen. Die angebohrten prätertiären Lagen wurden, soweit brauchbare Proben erhalten wurden, dankenswerterweise durch Herrn Professor Dr. SCHÜLLER/Berlin untersucht. Naturgemäß ist es mit Schappenbohrungen nicht immer möglich, ausreichendes Probematerial vom festen Untergrund zu erhalten, da die Leistung der Meißel in größerer Tiefe gering ist.

Im Rahmen unserer Untersuchungen wurden im Laufe der Zeit immer komplexere und vollständigere Methoden entwickelt.

Die Bohrungen wurden (bis auf wenige kleine Einzelvorkommen mit geringen Bohrtiefen) fast ausnahmslos durch mittlere Bohrbetriebe durchgeführt, und zwar als Trockenbohrungen mit Handbohrgeräten, im allgemeinen mit maschineller Winde. Es wurde dabei festgestellt, daß durch den Einsatz von Bohrbetrieben mit langer örtlicher Erfahrung Bohrleistung und Wirtschaftlichkeit gesteigert wurden. Während z. B. ein in einem bestimmten Raum neuer Bohrmeister eines Bohrbetriebes aus einer entfernteren Gegend an einem über 100 m tiefen Bohrloch mitunter 2 Monate oder noch länger arbeitete, gelang es erfahrenen Bohrmeistern einer seit Jahrzehnten in dem betreffenden Raum tätigen Firma unter den gleichen geologischen Verhältnissen, die benachbarte Bohrung in 3 bis 4 Wochen niederzubringen. Es hat sich immer wieder bewahrheitet, daß nur der Einsatz von Bohrbetrieben mit lokalen Erfahrungen den erwarteten Erfolg bringt, während im gegenteiligen Fall Bohrungen nicht nur sehr lange dauerten und viel Geld kosteten, sondern auch öfter vorzeitig abgebrochen werden mußten. Dies ist im nordwestsächsischen Raum deshalb um so bedeutsamer, als hier sehr oft ein mächtiges, an sich schon schwer bohrbares Deckgebirge mit wechselnden Lagen von Sand und Kies sowie zähem Geschiebemergel von über 30 bis oft über 40 m Stärke vorliegt.

Wenn in der Grundmoräne große Geschiebe auftraten, die das gesamte Bohrloch ausfüllten, ist Meißeln niemals von Erfolg gewesen. Daher wurden solche Bohrungen, falls Sprengungen nicht möglich waren, abgebrochen und wiederholt, was sich als wesentlich billiger erwiesen hat. Ohne Sprengarbeit war allerdings bei vielen tieferen Bohrungen ein weiteres Vorwärtskommen nicht möglich, wobei nicht nur größere Geschiebe in pleistozänen Schichten, sondern auch eingekieselte Sandhorizonte oder verkieste Lagen im Tertiär beseitigt werden mußten. Da nach den bestehenden Bestimmungen der Bohrmeister keine Sprengberechtigung hat, kam es von vornherein darauf an, die Sprengarbeit so zu organisieren, daß größere Wartezeiten vermieden wurden. Dies ist dadurch gelungen, daß sich die eingesetzten Bohrbetriebe nach entsprechendem Hinweis des sachbearbeitenden Geologen im Situationsbericht bereits vor Beginn der Abbohrung mit einem geeigneten Sprengunternehmen in Verbindung gesetzt haben. Naturgemäß steht auch dort ein Sprengmeister nicht jederzeit auf Abruf zur Verfügung. Es ist aber im allgemeinen immer gelungen, Sprengungen innerhalb kürzerer Zeit durchzuführen. Zu einem Abbrechen der Bohrung war man nur dann gezwungen, wenn an der Basis von lockeren Sanden und Kiesen Steinanreicherungen auftraten, die deshalb nicht gesprengt werden konnten, weil beim Hochziehen der Verrohrung zur Vorbereitung der Sprengung das Bohrloch zusammengefallen wäre.

Die vielfach wechselnde, tonig-schluffige Schichtenfolge und der oft quellfähige Kaolinton im Liegenden des Tertiärs haben mehrfach zu einem Festsitzen der Verrohrung geführt. Um beim späteren Ziehen keine Rohre im Bohrloch zu lassen und zu verlieren, muß beim Bohren die Verrohrung laufend gelockert werden. Vor allem soll aber der sachbearbeitende Geologe bei Bohrungen bis in den liegenden Kaolin diese sofort nach Einstellung abnehmen, damit der Bohrmeister noch am gleichen Tage mit dem Ziehen der Rohre beginnen kann. Oft sind Stunden für den völligen oder teilweisen Verlust einer Rohrtour entscheidend.

Ein sorgfältiges, dauerndes Mitführen der Rohre beim Bohrvorgang ist deshalb wichtig, um eine einwandfreie Probenahme in der Kohle oder in den anderen bauwürdigen Begleitschichten durchführen zu können. Dazu gehört natürlich auch, daß das Bohrloch vor jeder Probenahme einwandfrei gesäubert wird, um die Proben nicht mit Sand oder anderem Material zu verunreinigen. Bei unsauberen Proben sind noch so genaue Analysen im Laboratorium zwecklos.

Wenn die Ablage der geologischen Bohrproben in die üblichen, gefächerten Probekisten erfolgt, ist es zweckmäßig, die einzelnen Fächer nicht vollständig zu füllen, damit beim Transport eine Vermischung der Einzelproben vermieden wird. Im allgemeinen wird man nach Entnahme der für die einzelnen Untersuchungen notwendigen Proben darauf verzichten können, Material aufzuheben. Unbedingt sichergestellt werden sollten aber neben den Kohlen alle übrigen bauwürdigen Schichten und in jedem Falle insbesondere das geologisch wichtige Prätertiär, wo es erbohrt wurde.

Bei über 100 m tiefen Bohrungen hat sich gezeigt, daß bei den schwierigen geologischen Lagerungsverhältnissen nur wenige Bohrbetriebe entsprechende Erfahrungen und Ausrüstungen besitzen. Da Trockenbohrungen trotz aller modernen Untersuchungsmethoden auch in Zukunft, zumindest teilweise, ihre Bedeutung kaum verlieren werden, ist es unbedingt erforderlich, daß für mehr leistungsfähige Geräte gesorgt wird.

Die Planerfüllung war bei den meisten Untersuchungsbohrungen auf Braunkohle in Nordwestsachsen im allgemeinen gut oder zumindest ausreichend. Nur im Jahre 1956 entstanden deshalb gewisse Schwierigkeiten, weil die eingesetzten Betriebe überlastet waren und mit ihrem jeweiligen Bohrprogramm infolge vorherigen Einsatzes an anderen Stellen häufig nicht zur rechten Zeit mit den Objekten beginnen konnten.

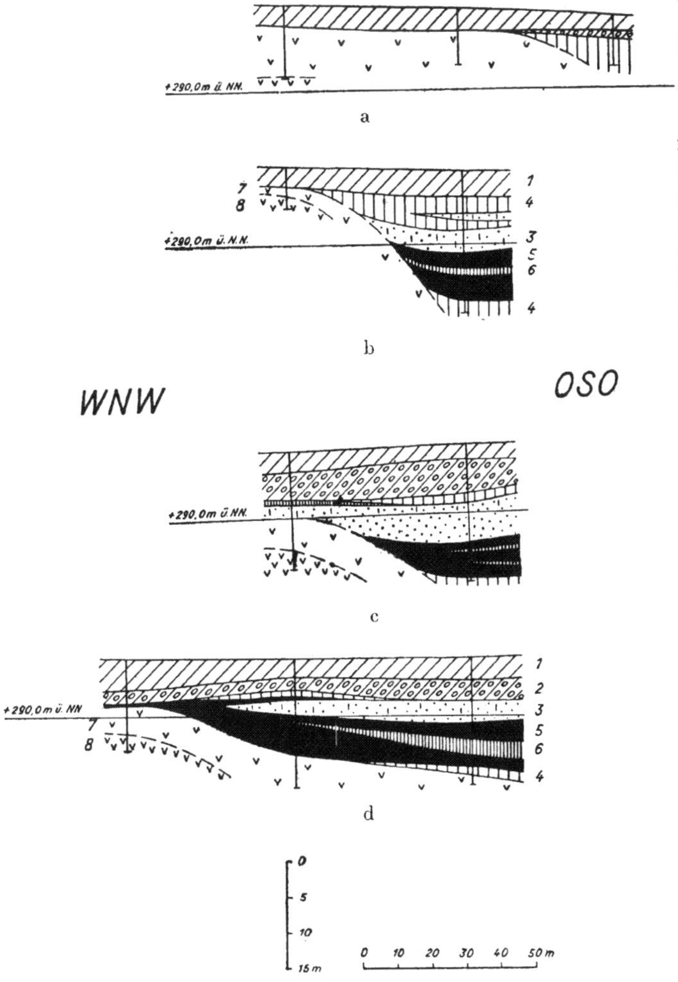

Abb. 4. Schnittserie durch das Braunkohlenfeld bei Mittweida

Pleistozän: 1 — Lößlehm, teilweise sandig oder kiesig, 2 — Grundmoräne der Mindeleiszeit
Oberoligozän: 3 — Sande, 4 — Ton, 5 Braunkohle, 6 — Tonkohle bis Kohleton
Untergrund: 7 — Granulit, grusig bis kaolinisch zersetzt, 8 — Granulit, weniger zersetzt bis frisch

Spezielle Aufgaben

a) *Prätertiär*

Wie schon angedeutet wurde, haben manche Bohrungen in den verschiedenen Teilen des nordwestlichen Sachsens, die das Prätertiär erreicht haben, neue Ergebnisse gebracht. Allerdings ist es nicht immer gelungen, die prätertiäre Schichtenfolge anzubohren, weil über dem anstehenden Prätertiär meist eine mächtige Kaolinhaube von oft mehr als 30 bis 40 m Stärke lagert. Zudem mußte in den tertiären Schichten infolge deren Wechselhaftigkeit mehrfach abgesetzt werden, so daß die Kaolinhaube oft mit geringem Rohrdurchmesser erreicht wurde. Mitunter war man gezwungen, bei einer Verrohrung von 102 mm ∅ zu bohren. Es ist verständlich, daß bei diesem geringen Rohrquerschnitt und dem in der Ausbildung stark wechselnden, oft thixotropen Kaolinton ein Durchfahren der Lagen bis zum festen Untergrund nicht immer möglich war, so daß manche Bohrungen bereits im Detrituston, also nicht im Kaolin in situ, abgebrochen werden mußten. Bei anderen Bohrungen wieder konnte das Tertiär selbst wegen auftretender, mächtigerer, quarzitischer Einkieselungen, die trotz mehrfachem Sprengen nicht zu beseitigen waren, nicht völlig durchbohrt werden. Immerhin ist es in den meisten Fällen gelungen, gewisse Unterlagen über die Ausbildung des Prätertiärs zu erhalten.

b) *Wasserführung*

Bei sämtlichen Bohrungen wurde nicht nur darauf geachtet, das oberste Grundwasserstockwerk festzustellen, sondern nach Möglichkeit auch alle tieferen Grundwasserstockwerke zu erfassen, was bei sorgfältigem Mitführen der Verrohrung und genauen Beobachtungen seitens des Bohrmeisters über den sich verändernden Wasserstand durchaus möglich ist. Außerdem wurde der Wasserstand in jedem einzelnen Bohrloch bei Abnahme der Bohrung gemessen. Die angebohrten Wasserstände und die nach Beendigung jeder Bohrung festgestellten wurden, soweit durch die Bohrfelder Schnitte gezeichnet wurden, in diese eingetragen.

Insbesondere waren Beobachtungen über das Auftreten von Liegendwässern, d. h. über in durchlässigen Schichten unter dem tiefsten Flöz zirkulierende Wässer, notwendig, weil aus diesen, vom späteren Bergbau nicht zu verritzenden Grundwasserleitern die Wasserversorgung des betreffenden Raumes sichergestellt werden muß, da die in den höheren Grundwasserstockwerken enthaltenen Wässer naturgemäß bis zur Sohle des zukünftigen Tagebaues abgesenkt werden.

c) Paläontologie

Soweit Fossilien pflanzlicher oder tierischer Art im Bohrgut beobachtet wurden, wurde das Material den betreffenden Abteilungen der StGK zugeleitet, um es zu untersuchen.

Vor allem wurde aber Wert darauf gelegt, entsprechende Kohleproben zur mikropaläontologischen Untersuchung zu bringen, um gegebenenfalls auf diese Weise eine Parallelisierung von Flözen vornehmen zu können, wo die geologischen Lagerungsverhältnisse noch nicht einwandfrei geklärt waren. Es hat sich dabei allerdings gezeigt, daß die sporenanalytische Untersuchung, zumindest heute, nicht in der Lage ist, einzelne übereinander lagernde Flöze, die demselben Ablagerungsraum angehören, zu unterscheiden, also z. B. die einzelnen Flöze des Weißelster-Beckens oder das westlich von Leipzig ausgehende Oberflöz dieses Gebietes und das nach Osten zu auf Schkeuditz zu sich abschwächende Hallesche-(Bruckdorfer) Flöz, die beide dasselbe Bild zeigen. Hier gelang es auf geologischem Wege, durch Schnitte nachzuweisen, daß das Hallesche Flöz etwas älter ist als das Oberflöz des Weißelster-Beckens, ohne daß es freilich möglich wäre, das Hallesche Flöz mit einem tieferen Flöz des Weißelster-Beckens im Bornaer Revier zu parallelisieren.

d) Pleistozän

Auf eine genaue Aufnahme der Schichten der pleistozänen Decke wurde jeweils besonders geachtet, auch wenn das Pleistozän im Leipziger Raum dank den umfangreichen Untersuchungen R. GRAHMANNs im allgemeinen gut bekannt ist. Doch ergeben sich immer an Hand der Bohrproben mannigfache neue Fragen, insbesondere für die Gliederung der einzelnen Eiszeiten und über die Art und Verbreitung von Flußschottern. Da die älteren Braunkohlenbohrungen oft nur Decke und Kohle oder nur Pleistozän und Tertiär unterscheiden, eine genauere Gliederung aber vermissen lassen, kam einer Aufnahme des pleistozänen Deckgebirges besonderer Wert zu. Diese Bearbeitungen stellen außerdem nicht nur Vorarbeiten für spätere Kartierungen dar, sondern sind insbesondere für Fragen der angewandten Geologie (Ingenieurgeologie und Hydrogeologie) von großer Bedeutung.

e) Nutzbare Lagerstätten in der Decke

Bei Untersuchungen, die von der StGK durchgeführt werden, kommt es nicht allein darauf an, die Braunkohle allein zu erfassen, sondern darüber hinaus sämtliche nutzbaren Rohstoffe in Braunkohlenbohrungen zu erkunden und einer Untersuchung bzw. späteren Nutzung zuzuleiten. In der Decke über dem obersten Flöz treten in unserem Raum insbesondere Formsande, Tone und zuoberst oft auch brauchbare Betonkiese auf. Fast ausschließlich werden beim Abbau der Kohle diese Schichten, zusammen mit anderen nutzbaren Anteilen, als Abraum verkippt und gehen so einer Verwertung verloren. Dies muß als volkswirtschaftlicher Schaden bezeichnet werden. Der Verfasser hat sich seit Jahren bemüht, diesen Zustand zu ändern, zumal insbesondere der zwischen dem höheren Teil des Hauptflözes und dem Oberflöz des Weißelster-Beckens lagernde, sogenannte „Haselbacher Ton" in seinen fetten Partien einen ausgezeichneten Schamotteton und infolge seines hohen Al_2O_3-Gehaltes auch einen sehr brauchbaren Ton für die chemische Industrie darstellt. Da bei Untersuchungen im Weißelster-Becken erkannt wurde, daß brauchbare Tone dieses Charakters nur dort auftreten, wo darunter bauwürdige Braunkohlen lagern, bedeutet dies, daß mit dem endgültigen Abbau der Kohle auch der darüber lagernde Ton verloren sein wird. In der letzten Zeit wurden deshalb in Zusammenarbeit mit dem Ministerium für Aufbau und dem Ministerium für Kohle und Energie, HV Braunkohle, neue Vereinbarungen getroffen, die vorsehen, soweit möglich, beim Kohleabbau in neu aufzuschließenden Tagebauen auch den Ton mit zu gewinnen und der Tonindustrie zur Verfügung zu stellen. In gleicher Weise muß dies auch für andere Rohstoffe versucht werden. Es geht z. B. nicht an, daß beim Neuaufschluß eines Tagebaues auf großen Flächen anstehende rund 7 bis 8 m mächtige, außerordentlich gute Betonkiese verkippt werden, die der Bauwirtschaft in der Umgebung fehlen und aus größerer Entfernung herangefahren werden. Es müssen auch hier trotz aller Schwierigkeiten Mittel und Wege gefunden werden, die Rohstoffe auszuhalten und der Bauwirtschaft anzubieten.

f) Bodengeologie

Wer den nordwestsächsischen Raum durchstreift, wird im Bereich des Braunkohlentagebaues weite Gebiete finden, die ausgekohlt und verkippt sind, ohne daß sie bereits wieder land- oder forstwirtschaftlich genutzt werden. Dies hängt damit zusammen, daß der wertvolle Mutterboden der Decke und die darunter folgenden eiszeitlichen Lehmschichten beim Abräumen nicht immer ausgehalten und daher mit verkippt wurden, so daß jetzt die Oberfläche von sterilen, schwefelkieshaltigen Sanden eingenommen wird. Daraus ergibt sich die Aufgabe, bei allen Bohrungen genügend Proben aus den einzelnen Schichten zu nehmen, die im Laboratorium für Bodengeologie der StGK in Berlin bodengeologisch daraufhin geprüft werden, inwieweit sie sich beim Verkippen an der Oberfläche für den Anbau, die Aufforstung usw. eignen. Mit dieser Methode von Untersuchungen wurde im letzten Jahre begonnen.

g) Technische Untersuchung von Proben

Die meist in verschraubbaren Gläsern oder Kunststoffbüchsen zur Erhaltung des natürlichen Wassergehaltes vom Bohrmeister entnommenen Mischproben von Braunkohlen aus den einzelnen Bohrungen wurden meist nicht in den Laboratorien der StGK, sondern in den speziellen Kohlelaboratorien der Braunkohlenwerke untersucht. Lediglich die Prüfung von Kohleproben aus den oben beschriebenen kleinen Randvorkommen wurde in Berlin vorgenommen. Es wurde Wert darauf gelegt, alle Proben als Mischproben zu nehmen und außerdem eine Grundprobe der Flöze zu erhalten, die insbesondere im Bereich der Verbreitung von Salzkohle wichtig ist. Bei der Probenahme hat es sich gezeigt, daß, je nach der Erfahrung der einzelnen Bohrmeister, eine genaue Anleitung und Kontrolle notwendig ist, insbesondere darüber, daß vor der Probenahme das Bohrloch entsprechend gesäubert wird und auch wirklich Mischproben, nicht aber nur Proben aus einem einzigen Auszug genommen werden. Die Kohle sollte unbedingt, soweit irgend durchführbar, mit der Schappe und nicht mit der Spirale durchfahren werden, die weitaus größere Verunreinigungen einschließt als die Schappe. Am besten wäre es zweifellos, wenn die Flöze gekernt werden könnten.

h) Geophysik

Bei den in Nordwestsachsen durchgeführten Untersuchungsbohrungen wurden die Objekte vorher mit Vertretern des VEB Geophysik besprochen. Es war mehrfach vorgesehen, geophysikalische Untersuchungsverfahren anzuwenden, die aber bisher aus technischen Gründen nicht zum Einsatz kamen. Geophysikalische Messungen werden dagegen in größerem Umfang schon jetzt bei den Großerkundungen in der Lausitz durchgeführt und sollen hier in steigendem Maße zum Einsatz kommen, wobei auch an modernere Methoden gedacht wird.

Die im nordwestsächsischen Raum im Laufe der vergangenen Jahre durchgeführten Erkundungsarbeiten seitens der StGK haben gezeigt, daß auch hier noch manche neue Erkenntnisse gewonnen werden konnten, obwohl das geologische Gesamtbild dieses Gebietes in seinem Aufbau schon seit langem geklärt ist.

Literatur

GRAHMANN, R.: Diluvium und Pliozän in Nordwestsachsen – Abh. Math.-phys. Kl. Sächs. Akad. d. Wiss. Leipzig XXXIX. Bd., Nr. IV, Leipzig 1925.
HOHL, R.: Über das Ergebnis einiger Bohrungen im Nordosten von Leipzig – Geologie Bd. 3, S. 917–923, Berlin 1954.
HOHL, R.: Der Leipziger Granit – Geologie, Bd. 4, S. 23-26, Berlin 1955.
– Ergebnisberichte über Braunkohlenbohrungen in Nordwestsachsen – unveröffentlicht, Archiv der Staatlichen Geologischen Kommission Berlin 1952–1957.
HUNGER, R., Die Pollenflora der Braunkohle von Seidewitz im Thümmlitzer Wald zwischen Leisnig und Grimma – Bergakademie 4, Nr. 5., S. 192–202 Berlin 1952.
KRUTZSCH, W. & D. LOTSCH: Zur stratigraphischen Stellung der Latdorf-Stufe im Paläogen – Geologie, Bd. 6, Berlin 1957, S. 476–501.
MEYER, G.: Der Einfluß der geologischen Strukturen im Meuselwitz-Bornaer Braunkohlenrevier auf Planung und Abbau – Freiberger Forschungshefte, Februar 1951 (Heft 1).
PIETZSCH, K.: Abriß der Geologie von Sachsen, 2. Aufl. Verlag der Wissenschaften, Berlin 1956.

Die Industrie der Steine und Erden im Jemen

KURT DETTE, Berlin

Es werden Beobachtungen über die Industrie der Steine und Erden im Jemen beschrieben, die der Verfasser während seiner Reise von Ende Januar bis Mitte März 1957 im Jemen machen konnte.

Beim Lesen des Titels soll kein Vergleich mit den uns in Deutschland bekannten Werken auf dem Gebiet der Steine und Erden geweckt werden. Einrichtungen ähnlicher Art sind im Jemen völlig unbekannt, und in diesem Sinne ist der Jemen heute auch noch kein Industrieland.

Während $1\frac{1}{2}$ Monaten konnte der Verfasser größere Teile Jemens, vor allem im Gebiet Hodeida – Sana – Taiz, bereisen und einen Einblick in Mittel- und Südjemen gewinnen. In Einzelfällen trägt die Herstellung von Steine- und Erden-Erzeugnissen den Charakter familiärer Heimarbeit. Die überwiegende Mehrzahl der Betriebe läßt aber die Anfänge einer allerdings noch recht primitiven Technisierung erkennen. Es war möglich, sich eingehender mit der Ziegelherstellung, der Werkstein-, Kalkstein- und Gipsgewinnung und -Verarbeitung sowie mit der Töpferwarenherstellung zu beschäftigen. Die Übereinstimmung aller Arbeiten auf diesen Gebieten wurde in den besuchten Teilen des Landes so weitgehend gefunden, daß die Angaben auch als zuverlässig angesehen werden können, nach denen im gesamten Lande in gleicher Weise gearbeitet werden soll.

1. Ziegelfabrikation

In *Hodeida* liegen in der näheren Umgebung der Stadt mehrere Stellen für Ziegelerzeugung. Sie befinden sich im N und NO unmittelbar am Stadtrand und entfernen sich im S bis auf 1200 m von der Stadt. Die Rohlinge werden von Hand gestrichen. Die Produktionsstätte südlich der Stadt benutzt Verstrichkästen. Als Rohmaterial dient Ziegelerde, die gegenüber dem allgemein verbreiteten Sand der Küstenebene durch einen Anteil an Schluff bindiger erscheint. Die Rohsteine werden 8–10 Tage in der Sonne vorgetrocknet und dann in Feldöfen gebrannt. Der Ofen ist eine Grube von 4×4 m und ca. 1,60 m Höhe. Drei Seiten stehen im gewachsenen Boden, die vierte Wand ist die Feuerungsmauer, deren Kronenbreite 45 cm beträgt. An ihrer Basis befinden sich 3 Feuerungslöcher von 40 cm $\times$ 30 cm Ausmaß. Dieser Ofen wird mit rd. 15000 Ziegeln besetzt, die in Körben herangetragen werden. Die Größe der Ziegel beträgt 16 cm $\times$ 8 cm $\times$ 4,5 cm. Auf Verlangen wird außerdem noch ein Großformat im Ausmaß von 10 cm $\times$ 22 cm $\times$ 15 cm hergestellt. Beim Besetzen kommt lagenweise getrocknetes Pflanzenmaterial (Kameldorngestrüpp) dazwischen, und zwar wird zwischen je 5 Lagen Steine eine Lage Feuerungsmaterial gepackt. Der Abbrand dauert im allgemeinen 7 Tage. Da nun in der Umgebung von Hodeida bis 20 solcher Brennstellen in vorübergehenden Betrieb genommen werden können, ist nach dortigen Angaben mit einer – allerdings nur selten erreichten – max. Produktion von 1,2 Mio Steinen/Monat zu rechnen. Im allgemeinen liegt die Produktion aber wesentlich niedriger.

Die Druckfestigkeit der Steine ist bei der Zusammensetzung des Rohmaterials und bei der niedrigen Brenntemperatur auch nur recht gering. Das Rohmaterial ist ein schluffiger Mittelsand, der nach Beobachtungen an Aufschwemmungen zu 75% aus Mittelsand und zu 25% aus Grobschluff besteht. Feinere Anteile sind nicht vorhanden. Die Durcharbeitung des Materials erfolgt unter reichlicher Wasserzugabe durch Bearbeitung mit den Beinen.

Für 1 cbm Mauerwerk werden ca. 1000 Steine benötigt. Sie kosten frei Baustelle Hodeida 6 Real[1]) und werden mit LKW oder durch Kamel- bzw. Eseltransport angeliefert. Zur Verarbeitung von 1000 Steinen werden 400 l Masse verbraucht.

[1]) 1 Real = 40 Bogscha entspricht 0,8 USA-Dollar.

In *Sana* ist die Ziegelherstellung im wesentlichen auf zwei Punkte konzentriert. Der Hauptfabrikationsplatz liegt am nördlichen Ausgange der Stadt an der Straße nach Raudha. Der zweite Ziegelbetrieb liegt südöstlich der Stadt neben den Kasernen. Hier stehen 3 Öfen, die dem König von Jemen gehören, jedoch von den Einwohnern Sanas benutzt werden. Außerdem sind noch an mehreren Plätzen im Stadtrandbereich kleinere Brennstellen, deren Bedeutung aber gegenüber den beiden anderen völlig zurücktritt. Die folgenden Ausführungen beziehen sich auf den größten Ziegelbetrieb am NO-Rand der Stadt.

Als Rohmaterial dient eine Ziegelerde, die in einer 700 m entfernten Grube gewonnen wird. Es ist ein nur undeutlich geschichteter, stark kalkstippiger Terrassenlehm. Der Abbaustoß erreicht 1 m Höhe. Die Entnahme der Ziegelerde ist unentgeltlich, da das Gelände früher einigen Moscheen vermacht worden ist. Der Ziegellehm besitzt graublaue Farbe und ist durch Kalkeinsprenglinge bis 8 mm Durchmesser stark hell-grau-fleckig. Daneben kommen Gerölle im Beobachtungsmaterial bis 8 mm × 15 mm Durchmesser vor. Außerdem wurden einige Gipskristalle beobachtet. Die Aufschwemmung des Materials gibt folgende Übersicht über die Korngrößenzusammensetzung der Ziegelerde:

70% Mittelsand,
22% Feinsand,
8% Grobschluff.

Eine zweite Probe wurde an der Ostwand der Lehmgrube entnommen, an der nach den Angaben der Einheimischen das beste Material anstehen soll. Der äußere Eindruck zeigt keinen Unterschied gegenüber der Entnahmestelle am NW-Rand des Lehmabbaues. Bei der Aufschwemmung waren 85% des Materials sofort ausgefallen. Nach weiteren 2 Minuten war die Ausfällung des Materials praktisch bereits vollendet. Die überstehende Flüssigkeit war nach 5 Minuten hellgelbraun durchscheinend, nach 7 Minuten war sie bereits hellgrau und nur noch schwach trübe. Nach 35 Minuten war sie wieder wasserklar. Die aufgeschwemmte Probe ist etwas feiner im Korn. Sie bestand aus

45% Mittelsand
43% Feinsand
12% Grobschluff.

Der p_H-Wert der Aufschwemmung betrug in beiden Fällen 8. Das eigentlich bindige Material ist also in Anteilen unter 10% vorhanden. Der Antransport der Ziegelerde zum Ziegelplatz erfolgt durch Esel. Nach den uns gegebenen Mitteilungen enthält diese Entnahmestelle im weiten Umkreis die beste Ziegelerde, so daß auch von außerhalb her aus diesem Vorkommen abtransportiert wird. Die Ziegelerde wird vor ihrer Verarbeitung einer gründlichen Vorbereitung unterworfen (Abb. 2). Drei nebeneinanderliegende Gruben von 1,50 m × 1,50 m × 0,30 m werden in ihrer unteren Hälfte mit Kamel- und Eselmist und dann der Rest der Grube mit Ziegelerde gefüllt. In der Richtung zu einem benachbarten Brunnen wird am Ende der Grube eine Rinne gezogen, und hier hinein wird Wasser geleitet. An dieser Stelle werden nun mit Händen und Füßen und mit Hilfe einer Breithacke Mist und Erde innig vermischt. Dabei entsteht wiederum eine Rinne, in die dann das Wasser geleitet wird. Diese Arbeit geht so fort, bis der gesamte Inhalt der Grube innig durchmischt und reichlich mit Wasser durchfeuchtet ist. Die so vorbereitete Ziegelmasse bleibt danach in der Grube kurze Zeit stehen. Nach einigen Stunden, höchstens einem Tag Maukzeit, erfolgt die Verformung zu Ziegeln.

Abb. 1. Ziegelformung im Handstrichverfahren in Ziegelei Sana-Jemen

Der Handstrich benutzt eine zweireihige, zweigeteilte Form, in die das Material unter nochmaligem Anfeuchten eingebracht wird (Abb. 1). Der Arbeiter gibt sich durch zischende Laute den Arbeitsrhythmus und feuert sich dadurch gleichsam selbst an. Die Arbeitsleistung beträgt in ca. einer Minute 4 Ziegel. Auch Kinder arbeiten mit, und ein 11jähriger Junge hat das Arbeitstempo der Erwachsenen bereits mitgehalten. Die Ziegel weisen folgende Abmessungen in cm auf:

Rohformat	18×18×5	oder	24×12×6
gebrannt	17,5×17,5×4,5	oder	23,5×11,5×5,5.

Die Steine liegen 10 Tage zum Luft- und Sonnentrocknen, bevor sie gebrannt werden.

Der Brand erfolgt in gemauerten Feldöfen, die eine nutzbare Brennhöhe von durchschnittlich 7,5 m besitzen. Dazu kommt noch 1,20 m für die auf der Rückseite des Ofens unter Geländeoberfläche eingesenkte Feuerung und Luftzufuhr. Bis 5 m Höhe hat der Ofen eine Wandstärke von 2 m, die sich darüber auf 80 cm verjüngt. Nordöstlich Sana stehen 10 solcher Feldöfen, die untereinander etwas unterschiedliche Ausmaße haben. Geheizt wird von unten her und durch zwischengelegtes Feuerungsmaterial, wozu Strauchwerk, zumeist Kameldorn, sowie Kamel- und Pferdemist verwendet werden. In Einzelfällen werden auch stärkere Äste und Wurzeln mit verfeuert. Der Boden des Ofens wird mit Strauchwerk und einigen Ästen ausgelegt. Darüber kommt eine Schicht Mist, womit gleichzeitig die Unebenheiten ausgeglichen sind. Dann folgen 7 Lagen Ziegel, 1 Lage Strauchwerk und Mist, wiederum 7 Lagen Ziegel, und so fort wird die Besetzung in regelmäßigem Wechsel vorgenommen. Die Gesteinsträger nehmen 1 Dutzend Steine und Jungen von 10—12 Jahren tragen 10 Ziegel. Bei dieser Arbeit feuern sie sich gegenseitig durch den Rhythmus von Koranversen an. Der Tagesverdienst eines Arbeiters beträgt 20 Bogscha = 0,4 Dollar. Ein Ofen faßt zwischen 15—25000 Steine. Die Brenndauer beträgt 8 Tage. Der abziehende Rauch der Brennöfen ist schneeweiß.

Je nach ihrer Lage zum Feuer zeigen die Steine unterschiedlichen Brand. Der Hauptteil der Ziegel ist normal leicht gebrannt. Häufigeres Zusammenbacken und viele Blähungen, veranlaßt durch die organischen Einschlüsse, wurden beobachtet. Formverzug ist auffallend häufig, so daß die Fertigware selten völlig plan ist. Die Kalkeinschlüsse sind nach dem Brennen noch zu erkennen. Brennfarbe ist graurot, dunkelbraunrot bis braunschwarz. Der Preis für 1000 Steine beträgt 10 Real. Hinzu kommt noch der Abtransport zur Baustelle mit 2 Real. Die Beförderung erfolgt durch Esel, denen 40 Steine aufgepackt werden oder durch Kamele, die 125 Steine tragen. Die 10 Feldöfen gehören der Stadt Sana. Als ständige Arbeiter sind 5 Mann als Streicher beschäftigt, ihre Tagesleistung soll insgesamt bis zu 10000 Ziegel betragen. Außerdem kommen noch die Arbeitskräfte hinzu, die Ziegelerde antransportieren und diejenigen, welche die Mischung mit Mist vornehmen. Jeder, der Ziegel braucht, geht hin, bestellt bei den Arbeitern und brennt selbst mit. Während der Regenzeit von Mitte Juni bis Anfang September wird nicht gearbeitet.

Die unteren Teile der Häuser werden in Sana in Bruchsteinmauerwerk aufgeführt. Je nach der vorgesehenen Höhe des Bauwerkes wird es verschieden weit heraufgezogen. Darüber folgt der Lehmziegelaufbau. Der jetzt im Bau befindliche Königspalast hat 5 Etagen hoch Steinmauerwerk. Darüber folgen noch 2 Stockwerke Ziegelmauerwerk, von denen das 7. Stockwerk für Wassertanks und „für die Aufstellung einer Kanone" vorgesehen ist. Das Bruchsteinmauerwerk wird auf der Innenseite mit Lehm abgedichtet. Hier nimmt man nur in ganz seltenen Fällen Ziegelsteine. Außen werden die Ziegel in zwei Lagen aufgelegt un mit Lehm, ausnahmsweise auch mit Kalkmörtel, abgebunden. Die Mauern stehen dadurch ziemlich frei. Deshalb sind auch 80 cm starke Mauern keine Seltenheit. Sie werden eigentlich nur durch die eingezogenen Decken gehalten.

2. Kalkbrennereien

Zum Ausweißen nimmt man gelöschten Kalk, der nach Angabe eines griechischen Architekten in Sana kaum jemals zur Mörtelherstellung verwendet werden soll. Anschließend an den Ziegelbrennplatz stehen in *Sana* auch 10 Kalköfen an der Straße nach Raudha. Das Rohmaterial zum Kalkbrennen ist ein weißer, grauadriger bis graufleckiger, feinkristalliner, schwach dolomititscher Kalkstein, der aus Reddas über 4 Kamelstunden Entfernung antransportiert wird. Eine Kamellast von Reddas nach Sana kostet 10 Bogschas, wobei sie aus maximal 8 Steinen mit einer Größe bis höchstens 40 cm × 40 cm × 20 cm besteht. Geheizt wird der Kalkofen nur mit dünnem Holz. Ein Benzinkanister Branntkalk kostet 20 Bogschas. Die Kalköfen haben in Sana bei

Abb. 2. Vorbereitung der Ziegelerde in Ziegelei Sana-Jemen

80 cm Wandstärke einen lichten Durchmesser von 1,20 m. Über dem Feuerungsraum werden die Kalksteine ringförmig aufgeschichtet. Unmittelbar über dem Feuerloch läßt man 80 cm frei, die sich oben auf 45 cm verjüngen. Der Rest zur Ofenabdeckung hin wird mit Kleinschlag ausgefüllt.

In *Hodeida* wird Branntkalk aus Korallenkalk hergestellt. Größere Blöcke, die das Meer liefert, werden am Strande zerschlagen. Der Brand geschieht im Kalkmeiler.

In der Mitte wird aus stärkeren Holzknüppeln kunstvoll ein Turm aufgesetzt und mit Kalkstücken gefüllt. Darum herum wird der Kalkschlag aufgeschichtet. Nach außen zu wird der Kalkmeiler wiederum durch ein Geflecht aus Holzknüppeln zusammengehalten. Frischluft wird in einem Kanal von unten her zugeführt. Der Abbrand kann nicht weiter beeinflußt werden, und demzufolge ist auch das Brenngut sehr ungleichmäßig. Neben gut durchgebrannten Stücken liegen im Kalkmeiler auch viele noch wenig gebrannte oder völlig ungebrannte Kalkstücke.

3. Werksteingewinnung

In Sana werden beim Bau der größeren Häuser Werksteine mit verarbeitet, bei denen es sich um Basalt, Basaltmandelstein und Basalttuff handelt.

1. Basalttuffgewinnung

Ein Bruch, in dem der Basalttuff gewonnen wird, liegt im *Wadi Hanek*, nordöstlich Raudha. Der *Bruch*

Numeißa gehört dem Dorf Sarf. Die Steine werden z. Zt. für den Königspalast gebrochen und nur mit LKW abtransportiert. Während der Befahrung waren 2 Arbeiter und 2 Jungen im Bruch anwesend. Die Arbeitszeit der Leute beträgt tägl. 8 Std. Gearbeitet wird mit Eisenkeilen von 6–8 cm Länge, die ausnahmslos bereits stark breitgeschlagen waren. In Gesteinsfugen unter dem freizulegenden Blocke werden 4–6 Keile nebeneinander eingeschlagen. Dann wird eine zweite Gesteinsfuge freigelegt und diese gleichfalls verkeilt. In Ausnahmefällen wird auch gesprengt. Das gebrochene Material liegt dicht vor dem anstehenden Gestein, so daß kaum Platz für genügende Bewegungsfreiheit ist. Abraumbeseitigung ist gleichfalls noch völlig unbekannt. Das nutzbare Gestein steht unter rd. 1 m Abraum an. Der Schuttboden ist recht wechselnd, an einer Stelle wurde folgendes Profil aufgenommen:

0,40 m Gehängeschutt mit braunem Lehm,
0,15 m Plattiges Gestein,
0,55 m Braunroter Sand mit Gesteinsresten, die sich nach der Tiefe zu immer mehr verdichten,
1,70–2,00 m Basalttuff, violettgraurot mit braunen, gelben und weißen Flecken der Einsprenglinge.

Eine zweite Entnahmestelle für gleichen Basalttuff, dessen Scherben auffallend hell klingen, liegt am *Osthang des Djebel Nuqqum*, 8 km Fahrstrecke östlich Sana. Hier streicht in $^2/_3$ Hanghöhe eine dicke Tuffbank aus. Das Gestein wird mit einfachen Keilen aus seinem Verbande gelöst. Zur Erleichterung des Abtransportes läßt man die Blöcke ca. 50 m hangabwärts zu einem dort eingerichteten Werk- und Verladeplatz rutschen. Der Abtransport geschieht mit Kamelen und auf einem sehr schwierigen Weg mit LKW. Das Gesteinsmaterial wird unbearbeitet fast ausschließlich nach Sana zum Hausbau gebracht. Der Tuff besitzt eine sehr ansprechend wirkende stumpfviolettgraue Farbe mit zahlreichen hellgrauen bis grauweißen größeren Einsprenglingen (bis 8 mm × 3 mm), und sehr vielen kleineren, dunkelbraunen Einsprenglingen von 1 mm ∅. Das Gestein ist sehr feinkörnig, enthält hin und wieder einzelne feine Poren und führt wenige Feinglimmer. Es ist ein begehrter Werkstein.

2. Basaltgewinnung

Zusammen mit dem obigen Material wird in Sana und im weiteren Mitteljemen noch Basalt verarbeitet. Das Gestein besitzt stumpf schwarzgraue Farbe und ist fast stets mehr oder minder porig. Die hauptsächlichste Gewinnungsstätte liegt in 6 km Luftlinie (10 km Fahrstrecke) nordwärts Sana am Hang des Tales Methbeh, das zu einem Dorf gleichen Namens gehört. Der Bruch besitzt eine mehrfach gewundene Abbaufront und erreicht Höhen von 2–6 m. Unter 1–1,50 m Gehängeschutt ist die Oberkante eines Basaltlavastromes angeschnitten. Hier ist das Gestein durchweg recht porös. Zahlreiche Klüfte vorwiegend in N 152° durchziehen es. Auf vielen dieser Klüfte ist Kalkspatbelag abgesetzt. Der Abbau wird von Leuten aus dem oben genannten Dorf, aus Sana und gelegentlich auch aus weiterer Entfernung durchgeführt. Hierbei wird regelmäßig geschossen. Die durchschnittlich 60 cm tiefen Schußlöcher werden von Hand hergestellt. Bohrmaschinen sind unbekannt. Der Abraum wird mit hereingewonnen.

Eine Bruchsohle besteht auch hier nicht. Zwischen Bruchwand und Abraumhalden sind 2–2½ m Raum. Der Abtransport der Werksteinblöcke erfolgt mit LKW und mit Kamelen. Eine Kamellast besteht hier aus ca. 8–10 Steinen. Sämtliche Werksteine werden als Rohstein abtransportiert und erst am Ort ihrer Ver-Verwendung zurechtgeschlagen und bearbeitet. Der dabei anfallende Steinschlag wird als Zwischenfüllung für die Mauern verwendet und dem Lehm mit beigegeben.

3. Gipsgewinnung

26 Fahrt-km nördlich Sana liegt am Rande des Gebirges gegen die Ebene der Djebel Megda alges. Hier streichen unter den kreidezeitlichen Sandsteinen Schichten des Oberen Jura aus, denen die Gipsvorkommen eingeschaltet sind. Das Vorkommen gehört einem Einwohner des 2,5 km südöstlich gelegenen Dorfes Geras. Unter einer starken, stellenweise bis 12 m erreichenden Abraumdecke aus Gehängelehm steht der Gips an. Seine Mächtigkeit muß mindestens 20 m betragen. Der Aufschluß hat eine im allgemeinen in N–S-Richtung ziehende, vielfach gewundene Abbaufront geschaffen. Die Gewinnung geschieht ganz primitiv und folgt den Möglichkeiten des leichtesten Materialanfalles. Deshalb finden sich unmittelbar neben Entnahmepunkten Bruchfallbildungen. Der Abbau geht im Tagebau und im Stollenbetrieb vonstatten. Der Stollenabbau setzt möglichst tief an und arbeitet sich nach oben durch. Dabei wird geschossen. An einer Stelle wird so lange abgebaut, bis die zusammenstürzende Decke dem weiteren Vordringen in dieser Richtung Einhalt gebietet. Das Fördergut wird aus der Tiefe auf steilem, schlecht zu gehendem Fußpfad als Rückenlast von Menschen zum Verladeplatz getragen. Hieran beteiligen sich nicht nur Männer, sondern auch Jungen im Alter ab ca. 10 Jahren sind mit eingesetzt. Der Verdienst eines Steinbrucharbeiters beträgt bei 8stündiger Arbeitszeit ½ Real. Der Abtransport des Gipses geschieht mit Eseln, Kamelen und mit LKW. Die Esel erledigen vorzugsweise den Transport zum Dorf Geras, in dem einige Gipsöfen stehen. Die Hauptmasse des Fördergutes geht nach Sana und wird hier gebrannt.

Die Gipsöfen in Geras bestehen aus einem 1 m hohen, ringförmigen Unterbau, der der Feuerung dient. Auf ihm wird der Rohgips aufgeschichtet. Zunächst wird aus größeren Gipsblöcken eine flache Kuppel eingesetzt, um die herum feinstückiges Material aufgeschichtet wird. Nach außen zu wird sorgfältig gepackt, so daß schließlich ein zylinderförmiger Gipskörper von 1 bis 1,20 m Höhe auf dem Ofen steht. Die Arbeit am Gipsofen ist ebenso wie die am Kalkofen familiäre Arbeit. Der Mann schichtet auf, und die Frau trägt das Material zu. Bei der Vorbereitung und Zerkleinerung des Materials ist die Frau gleichfalls mit beteiligt, wobei alle diese Arbeiten unter der hier üblichen Verschleierung ausgeführt werden.

Als Heizmaterial dienen fast ausschließlich Tamarindenzweige, denen nur wenige stärkere Äste und Stammstücke beigegeben werden. Das Brenngut wird feingekörnt in 2–4 mm ∅ zum Verkauf gebracht. Gebrannter Gips wird vorwiegend für Anstrichzwecke verwendet. Vor allem werden Fenster- und Türumrahmungen weiß gestrichen. Außerdem wird eine durch die teilweise aus der Wand herausgesetzten Ziegel erzielte ornamentale Wirkung als Schmuck der Hausfronten weithin auffallend leuchtend weiß herausgestellt.

4. Töpferwarenherstellung

Töpfereierzeugnisse für den engeren Bedarf werden im ganzen Land hergestellt. In der Umgebung Hodeidas besteht das Töpferhandwerk an zahlreichen Stellen. Neben Krügen, Schalen, Flaschen und Tassen werden dort auch große Vorratstöpfe produziert. Als Zentrum der Töpferei der dortigen Gegend wurde das Wadi Suchra angegeben. Tonkrüge von dort werden auf dem Markt von Hodeida für 6 Bogschas verkauft. Ein nur schwach gebrannter, mäßig glasierter Vorratstopf hatte bei 800 mm Höhe, 420 mm oberen und 450 mm größten Durchmesser und erreichte eine Wandstärke bis 50 mm.

Jedoch wurde allgemein Hais als Hauptsitz der Töpferwarenherstellung genannt. Hais ist eine Stadt von knapp 3000 Einwohnern. Sie liegt am NW-Rand Südjemens, am Eingang von der Küstenebene, der Tihama, in das Gebirge. Von hier aus wird seit geraumer Zeit der südliche Jemen mit glasierten und unglasierten Töpferwaren versorgt. Die Ware ist durch ihre grünlich-gelbe Glasur und die angenehm geschwungenen Formen der Schalen ohne Henkel charakterisiert. Nach dem Trocknen der geformten Gegenstände wird eine Salzlake mit Erdfarben aufgetragen. Formen und Glasur werden dann gemeinsam gebrannt. Die Brenntemperatur wird im allgemeinen nur niedrig sein. Die gebrannten Scherben zeigen keine Sinterung. Die Tönung der Schalen ist nicht gleichbleibend, sondern wechselt vielfach. Fast alle diese Erzeugnisse weisen feine Haarrisse auf, die auf die unterschiedliche Schwindung zwischen Glasur und Scherben zurückzuführen sind. Soweit schriftliche und mündliche Berichte zurückgehen, wird bekundet, daß in Hais nur eine Familie Töpferwaren angefertigt hat. Heute stellen das Oberhaupt der Familie, der 60jährige Abdo Ahmad, und sein Sohn auf einer sehr einfachen Drehscheibe täglich ca. 600 Tassen und Krüge her, bei deren weiterer Bearbeitung die gesamte Familie tätige Mithilfe leistet. Diese „Heimindustrie" ist recht traditionsgebunden; denn die heutigen Erzeugnisse unterscheiden sich in nichts von den Hais-Waren, die in den mehr (bis sieben-)hundertjährigen Schutthügeln der ehemaligen Ansiedlung Thaabad gefunden wurden.

Im Erdbaulabor der St.G.K. hat Herr Dr. KÖHLER je eine Probe des für die Herstellung der Töpferwaren verwendeten Rohmaterials und das zu Glasurzwecken benötigte Material bodenphysikalisch untersucht. Die Kornverteilungskurven zeigen, daß beide Bodenproben zu je $^2/_3$ aus Schluff bestehen, wie die in nachstehender Tabelle zusammengefaßten Ergebnisse erkennen lassen:

	Arb. Nr.	Feinstes	Schluff	Sand	Kohlensaurer Kalk
Schluff gelbbraun	557/2	12	68	20	7,09
Schluff grau	557/3	28	68	4	2,04

Danach ist das „Töpfermaterial" ein „tonig-sandiger Schluff" — wohingegen der „Glasurlehm" ein „stark toniger Schluff" ist. In beiden Proben befindet sich deutlich ein geringer Feinglimmergehalt. Chlor- und Sulfationen konnten in beiden Proben in geringer Menge nachgewiesen werden.

Zur Anwendung eines zweikreisigen Geologenkompasses bei tektonischen Aufnahmen

MAX SCHWAB, Halle

Für tektonische Aufnahmen, besonders in Untertageaufschlüssen, erweisen sich die handelsüblichen Kompasse in vielen Fällen als ungeeignet, vor allem dann, wenn man darauf angewiesen ist, allein Messungen tektonischer Daten durchzuführen. Besondere Schwierigkeiten treten auf, wenn man gezwungen ist, Unterseiten von mittelsteil bis flach einfallenden Flächen einzumessen. Der Grund hierfür ist die schmale Anlegekante des Kompasses bzw. die hohe Kompaßdose, bei der im Modell mit Spiegel- und Visiereinrichtung noch zusätzliche Aufbauten treten. Der Spiegel erleichtert im gewissen Grade die Ablesung der Werte, engt aber andererseits die Anlegemöglichkeit des Kompasses stark ein.

Abb. 1. Geologenkompaß des VEB Präzisionsmechanik Freiberg mit einem zweiten Teilkreis

Diesen Mängeln begegnet ein bereits mit Erfolg am Geologischen Institut der Martin-Luther-Universität Halle ausprobierter Umbau eines gewöhnlichen Kompasses des VEB Präzisionsmechanik Freiberg/Sachsen. Als Vorbild diente der von E. CLAR entwickelte zweikreisige Geologenkompaß. Die von CLAR 1954 vorgeschlagenen Verbesserungen wurden auf den oben erwähnten Kompaß übertragen. Der Umbau wurde von Herrn Mechanikermeister DÖLZ vom Mineralogischen Institut der Universität vorgenommen (Abb. 1).

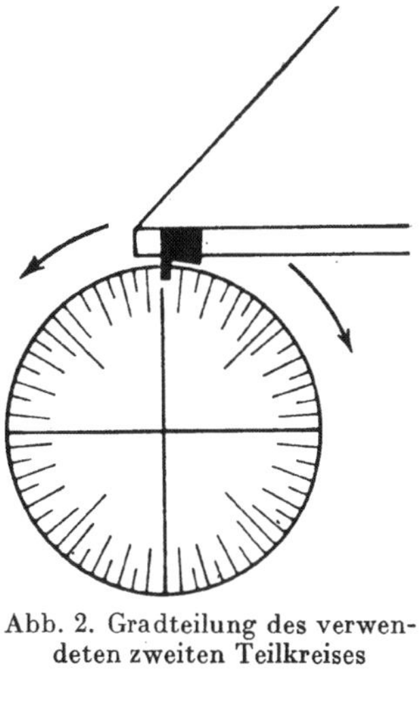

Abb. 2. Gradteilung des verwendeten zweiten Teilkreises

Der zweite Teilkreis wird im Gegensatz zum normalen Teilkreis in der Vertikalen angeordnet. Er gestattet die Fallwerte abzulesen, ohne daß der Kompaß wie bisher bei der Messung des Fallens mit dem Klinometer um 90° gedreht werden muß. Streichen und Fallen können in einer Anlegestellung gemessen werden. Um diesen zweiten Teilkreis jedoch wirksam werden zu lassen, muß eine zweite Fläche an den Kompaß angebracht werden. Bei dem CLARschen Modell, das im Prinzip einem alten Bergmannskompaß entspricht, dient als zweite Fläche der rechteckige Deckel des Gerätes.

Bei der vorliegenden Ausführung wurde eine zweite Bodenplatte an den Kompaß angesetzt, die an zwei freistehenden Scharnieren um etwa 280° gedreht werden kann. Ein mit der zweiten Bodenplatte fest verbundener Zeiger gestattet die Ablesung des Fallens auf dem zweiten Teilkreis. Um das Gewicht des Kompasses nicht zu vergrößern, wurde diese zweite Bodenplatte aus Kunststoff hergestellt. Der zweite Teilkreis wurde so eingerichtet, daß man die Fallwerte von 5 zu 5° interpolieren kann.

Abb. 3. Streich- und Fallwertmessung einer Fläche

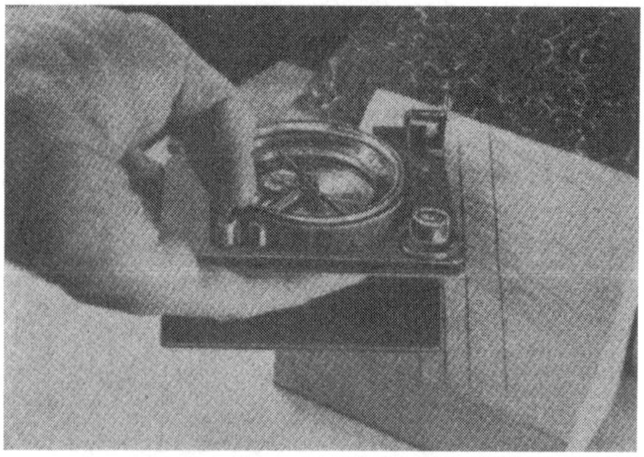

Abb. 4. Direktes Einmessen von Streichen und Fallen eines linearen tektonischen Datums

Abb. 5. Streich- und Fallwertmessung an der Unterseite einer Fläche

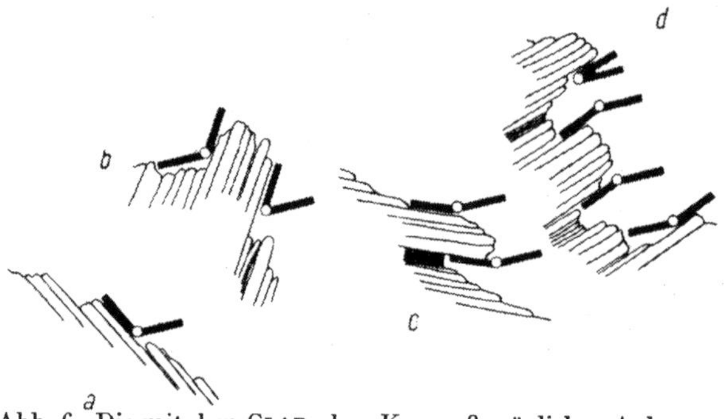

Abb. 6. Die mit dem CLARschen Kompaß möglichen Anlegestellungen zum Messen von Streichen und Fallen von Flächen (aus CLAR 1954)

Auf Ziffern wurde verzichtet, da die Ableserichtung von der Stellung der zweiten Bodenplatte abhängig ist. Die Orientierung wird durch unterschiedliche Strichlängen ermöglicht (Abb. 2). Die Genauigkeit der Ablesung liegt bei ± 2°, was in der Regel für Fallmessungen ausreicht. Am Kompaß selbst wurde die Libellendose versetzt, so daß sie jetzt der Arretierungsschraube an der Anlegekante gegenübersteht. Die Arretierungsschraube wurde durchbohrt. Ein auf eine Feder gesetzter Stift erlaubt, die Kompaßnadel durch Fingerdruck zu arretieren.

Der auf diese Weise umgebaute Kompaß weist die Vorteile auf, die von CLAR für sein Modell angegeben wurden:

1. Arretierung und Bremsung der Nadel durch einhändig zu bedienenden Druckstift (Abb. 3).
2. Messung von Fallen und Streichen der flächigen und linearen Gefügedaten in einer einzigen Anlegestellung.

Der Vorgang des Einmessens von Flächen braucht nicht besonders erläutert zu werden, wenn man die Abb. 3 betrachtet. Man kann die zweite Bodenplatte, auch um 180° gedreht, als Anlegefläche benutzen. Ähnlich vollzieht sich das Messen von Linearen. Man legt eine seitliche Kante der zweiten Bodenplatte in Richtung der Linearen und dreht den Kompaß so lange, bis die Libelle einspielt (Abb. 4). Das Streichen der Linearen kann man nicht direkt ablesen, da die schmale Seite des Kompasses zum Anlegen benutzt wurde. Erst die Addition bzw. Subtraktion von 90° (100° bei Kompassen mit Neugradteilung) ergibt den wahren Streichwert der Linearen. Fallen und Richtung des Einfallens kann man direkt ablesen.

Wie eingangs erwähnt wurde, eignet sich dieser Kompaß besonders für Untertageaufnahmen bzw. für das Messen schwer zugänglicher Daten (Abb. 5). Über die Anwendungsmöglichkeiten des Kompasses soll die von CLAR übernommene Abb. 6 orientieren. Den gleichen Umbau kann man natürlich auch am Kompaß mit Spiegel vornehmen. Es wäre dann aber angebracht, den Spiegel mit einem beweglichen Ring an der Kompaßdose zu befestigen. Dies ist notwendig, um in jedem Fall den Spiegel aus dem Gesichtsfeld herausdrehen zu können und dadurch die Möglichkeit zu erlangen, den Lichtkegel der Grubenlampe auf den Spiegel fallen zu lassen.

Herr Prof. GALLWITZ, dem der Verfasser den Hinweis auf den Geologenkompaß nach CLAR verdankt, hat sich bereits mit dem VEB Präzisionsmechanik Freiberg in Verbindung gesetzt, um die oben beschriebenen Verbesserungen an dem in der Entwicklung befindlichen neuen Kompaßmodell berücksichtigen zu lassen.

Literatur

CLAR, E.: Ein zweikreisiger Geologen- und Bergmannskompaß zur Messung von Flächen und Linearen. – Verh. Geol. Bundesanstalt Wien, Jg. 1954, H. 4, S. 201–215 (1954).

Eine Fernseh-Bohrlochsonde

ALFRED SÖLLIG, Jena

Im Rahmen einer geotechnischen Exkursion während der 109. Hauptversammlung der Deutschen Geologischen Gesellschaft im September 1957 in Freiburg/Br. wurde eine Bohrloch-Fernsehsonde vorgeführt. Das Gerät wurde von Dr. L. MÜLLER, Salzburg, in Verbindung mit der Fa. Grundig, Fürth, entwickelt.

Die Sonde hat einen Durchmesser von nur 62 mm und ist etwas über 1 m lang. In der unteren Hälfte befindet sich als Ausblicksöffnung ein zylindrisches Plexiglasrohr mit Gradeinteilung. Darin ist ein unter 45° geneigter Spiegel drehbar angeordnet. Durch je drei rechts und links davon treppenförmig angebrachte Lämpchen wird die Bohrlochwand beleuchtet. Die Beleuchtungsstärke ist veränderlich, und wahlweise können alle sechs Birnen oder nur die rechte bzw. die linke Reihe eingeschaltet werden. Über ein Weitwinkelobjektiv kurzer Brennweite im oberen Teil der Sonde wird ein Bildfeld von 40 mm Durchmesser auf die Fernsehaufnahmeröhre projiziert. Der Durchmesser des verwendeten „Grundig-Fernauges" beträgt nur 13,5 mm! Die Aufnahmeentfernung reicht wegen der großen Tiefenschärfe des Objektivs bis 5 m. Die genaue Lage der Sonde wird durch einen unter dem Spiegel befindlichen Kompaß nebst Libelle festgestellt, die im Fernsehbild mit erscheinen. Das Gerät hängt an einem 300 m langen Fernsehkabel mit 32 Adern. Die Bildröhre hat 100000 Bildpunkte und zeigt den erfaßten Ausschnitt der Bohrlochwand in zweifacher Vergrößerung mit allen Einzelheiten.

Eine Vergrößerung der erreichbaren Tiefe über 300 m hinaus macht den Einbau von Zwischenverstärkern in das Kabel notwendig wegen der auftretenden Dämpfungserscheinungen. Die Durchmesserbeschränkung im Kabelbereich ließe sich durch Verwendung von Transistoren erreichen. Es ergibt sich aber nur ein so kleiner Serienumfang, daß eine solche Neuentwicklung zur Zeit nicht lohnend erscheint[1]).

Die besondere Leistung des Gerätes liegt in der Möglichkeit, Streichen und Einfallen von Klüften sowie ihre Weite und das Vorhandensein einer Füllung (offene und geschlossene Klüfte) zu messen und zu beobachten, was an Bohrkernen nur selten und beschränkt möglich ist. Die durchbohrten Klüfte, Spalten und Schichtgrenzen zeigen sich als elliptische Schnittlinien. Der Scheitel zeigt die Fallrichtung an. Nach Drehen des Spiegels um 90° kann der Einfallwert unmittelbar am Bild gemessen werden. Ebenso wird die Sonde in Strecken mit großem Kernverlust zur Aufklärung der geologischen Verhältnisse dienen können. Der Einsatz dieses neuen Gerätes verspricht eine wesentliche Erweiterung und Verbesserung der Untersuchungsmöglichkeiten von Bohrungen. Voraussetzung ist natürlich eine saubere Bohrlochwandung, und es versteht sich von selbst, daß trübe Spülung die Leistungsmöglichkeit stark herabsetzt, wenn nicht Null werden läßt. Bei günstigen Verhältnissen jedoch sind die Leistungen als ideal zu betrachten.

[1]) BÖHM, H.: Die erste Fernseh-Bohrlochsonde, VDI-Nachrichten vom 20. 7. 1957.

Lesesteine

„Unpolitische" Erdöl-Wissenschaft

Unter dem Einfluß der imperialistischen Konzerne entstand die pseudowissenschaftliche Theorie von der „politisch neutralen Wissenschaft" und der „unpolitischen" Haltung wissenschaftlicher Zeitschriften. Es gibt auch unter unseren Geologen einige, die die Quelle dieser ideologischen Ansichten nicht erkennen und sie daher als Ausdruck echter Wahrheit hinnehmen.

Wir alle schätzen z. B. das „Bulletin of the American Association of Petroleum Geologists" als eine fachlich hervorragende Zeitschrift. Aber in ihrem Juliheft des Jgs. 1957 befindet sich ein politischer Aufsatz von HERBERT HOOVER jr. über „Erdöl und unsere nationale Sicherheit", der deutlich zeigt, in welchem politischen Fahrwasser diese fachlich so hochstehende Zeitschrift segelt.

Ausgehend von der Suezkrise und ihren Auswirkungen betont der frühere Unterstaatssekretär HOOVER, daß diese erneut gezeigt hätten, daß nicht nur die Sicherheit der USA, sondern auch die vieler anderer Länder vom Erdöl — als der Energiequelle zum Inganghalten der modernen industriellen Maschinerie — abhängt. In den USA bestreitet Erdöl zusammen mit Erdgas bereits zwei Drittel des gesamten Energieverbrauchs. Nach dem Konsum von Lebensmitteln bildet der Verbrauch an Erdöl, Erdgas und ihren Abkömmlingen das wichtigste Fundament des Wohlstandes der Bevölkerung. Ein Ersatz für Erdöl ist nicht in Sicht. Es wird daher auch weiterhin Wärme, Treibstoffe und petrochemische Erzeugnisse liefern. Amerikanische Soldaten stehen in vielen Ländern auf der Wacht und benötigen als wichtigste Grundlage zur Verteidigung der nationalen Sicherheit der USA zahlreiche Erdölprodukte. Um den militärischen Ansprüchen genügen zu können, muß man — nach HOOVER — die politisch-ökonomische Macht entsprechend der Eisenhower-Doktrin nicht nur erhalten, sondern ausdehnen. Aus langer Erfahrung will Mr. HOOVER wissen, daß der einzige Weg, um mit „den Kommunisten" zu verhandeln, der sei, die Position der Stärke weiter auszubauen. Um mit aller Kraft, die den USA zur Verfügung steht, deren Lebensstandard verteidigen zu können, müsse man über genügend große, als sicher erkundete Erdölvorräte verfügen. HOOVER empfiehlt, die sich seit STALINs Tode im sozialistischen Lager angeblich breitmachenden „Zersetzungserscheinungen" auszunutzen, deshalb sollten die westeuropäischen Länder sowjetische Erdölangebote zurückweisen und die arabischen Produktionsländer daran denken, daß ihre Absatzgebiete im Westen liegen.

Die Rohstoffabhängigkeit der USA vom Ausland wird auf vielen Gebieten beständig größer; aber beim Erdöl ist das nicht der Fall. Trotzdem erfordert es große Beachtung, daß die Erdölvorräte nicht mehr in dem gleichen prozentualen Ausmaß die Produktion übertreffen, wie dies seit Jahrzehnten der Fall war. So wurden z. B. 1956 an sicheren Vorräten 3 Billionen Barrels festgestellt, was die Jahresproduktion nur um 0,4 Billionen Barrels überstieg. Es hätten aber 4 Billionen Barrels an sicheren Vorräten neu festgestellt werden müssen, um die Vorräte in dem bisherigen Verhältnis von Vorräten zur Produktion aufrechtzuerhalten. Die Erforschung neuer Erdölvorräte in den USA sei deshalb ein dringendes Gebot.

HOOVER fordert, daß man Vertrauen zur Vorratslage der nordamerikanischen Erdöllagerstätten haben müsse. Bei ihrer Auswertung würden wie bisher die nötigen Gewinne für die Großkonzerne abfallen. Diese werden — angeblich im Interesse des Friedens der Welt und der nationalen Sicherheit der USA — mit all ihrer ihnen zur Verfügung stehenden Macht sogar im Kampf gegen den amerikanischen Kongreß dafür sorgen, daß die „Anreize (d. h. Profite) des freien Unternehmertums" so bestehen bleiben, wie sie in der Vergangenheit bestanden haben.

Diese gesellschaftlich, politisch und wirtschaftlich konservativen Ansichten versucht Mr. HOOVER als Richtlinie der weiteren Erdölpolitik der USA aufrechtzuerhalten. Um diese imperialistischen Ziele unter den Erdölgeologen zu popularisieren, verbeugt er sich vor der angeblichen Neutralität ihres Bulletins und bittet die Leser der Zeitschrift um Entschuldigung, daß er ihnen das, was sie sowieso schon wissen, wiederhole; aber im Interesse der Sicherheit der USA, die von dem sozialistischen Lager angeblich bedroht werde, müsse man erneut den Standpunkt der Konzerne selbst in einer wissenschaftlichen Zeitschrift betonen.

Wir möchten denjenigen unserer Leser, die sich trotz ihrer sonst fortschrittlichen Ansichten von der Vorstellung einer „politisch neutralen" Wissenschaft und „unpolitischer" wissenschaftlicher Zeitschriften nicht freimachen können, den Artikel HOOVER zu eingehendem Studium empfehlen. Sie werden dann selbst leicht erkennen, daß politischer und wissenschaftlicher Konservativismus (der in unserem Fall gleich USA-Imperialismus ist) nur durch den politischen *und* wissenschaftlichen Fortschritt überwunden werden kann und wird. e.

Vom Schneehuhnberg

„Das Parlament", Bonn, brachte im August 1957 ein Sonderheft über Schweden heraus. Es beschäftigt sich u. a. mit dem Schwedenerz als Rohstoffgrundlage der Eisen- und Stahlindustrie und schildert die Erfolge der Luossavara-Kirunavara-AG., die jährlich Milliardenumsätze und 100-Millionengewinne erzielt. Die Förderung von schwedischem Eisenerz stieg von 1945 bis 1956 von 9,3 auf 16,0 Mio t und die Ausfuhr im gleichen Zeitraum von 1,2 auf 17,3 Mio t. Von den letzteren bezog die Bundesrepublik etwa 7 Mio t.

Der lappländische Schneehuhnberg (Kiruna) wird als „der größte Erzkörper der Welt" bezeichnet, der bereits 175 Mio t 60—68%iges Eisenerz geliefert habe und dessen Vorräte noch mindestens 1,5 Mrd. t betragen. Die schwedische Eisenerzeinfuhr in die Bundesrepublik entsprach 1955 etwa 40% der westdeutschen Gesamteinfuhr.

Etwas, was dem Bonner „Parlament" gar nicht gefällt, hat sich nun kürzlich mit Kiruna ereignet. Diese Grube, die die wichtigsten Eisenerze für die westdeutsche Stahlindustrie und damit für die Rüstungsbestrebungen der Imperialisten von Rhein und Ruhr liefert, wurde verstaatlicht. „Der sozialistische Staat ist auch hier als Großunternehmer in den Kreis der alten Privatkonzerne getreten." Kiruna bildet noch dazu „ein Arbeits- und Wirtschaftszentrum im rußlandnahen Norden". Das ist Grund genug für das Blatt, der Sowjetunion — als dem Nachbarn Schwedens — solche imperialistischen Absichten, wie man sie selbst hat, zu unterstellen. „In Kriegszeiten wecken Reichtümer fremder Mächte Begehrlichkeit, mindestens aber den Wunsch, den Feind nicht in den Genuß solcher Reichtümer gelangen zu lassen, wenn man sie schon nicht für sich gewinnen kann." .

Er wird dann auf eine vom schwedischen Oberbefehlshaber verfaßte, aber bereits veraltete Denkschrift „Alltjämt ett starkt försvar" („Stets eine starke Verteidigung") hingewiesen und diese dazu benutzt, den Bergarbeitern von Kiruna und den Imperialisten von Rhein und Ruhr das Gespenst eines sowjetischen Einmarsches an die Wand zu malen. Es wird so hingestellt, als sei von seiten der Sowjetunion geplant, „bei Kriegsausbruch oder drohender Kriegsgefahr einen schnellen Durchmarsch in Richtung Torne-Älo auszuführen" und somit Lulea als Hafen für Kirunaerze zu sperren.

Wir bringen im gleichen Heft unserer Zeitschrift, S. 19—21, einen Bericht des sowjetischen Ministers für Geologie über die gewaltigen Eisenerzvorräte der Kursker Anomalie. Dort lagert so viel hochwertiges Erz, das auch in Zukunft die Sowjetunion die Kirunaerze aus „dem größten Erzkörper der Welt" nicht für den Aufbau ihrer Eisen- und Stahlindustrie benötigen wird. Vielmehr wissen wir, und weiß man auch sonst in der Welt, daß man sich in der Sowjetunion mit dem weiteren Abbau der reichlich vorhandenen Lagerstätten an hochwertigen Eisenerzen intensiv beschäftigt. Der Aufbau neuer Industriezentren, von denen jedes für sich einmal größer als das heutige Ruhrgebiet sein wird, erfordert im europäischen Teil der Sowjetunion und in Sibirien so viel Kraft, um die eigenen Lagerstätten zu erkunden, ihre Vorräte zu berechnen und deren Aufbereitung und Verhüttung zu projektieren, daß demgegenüber der schwedische Kirunaberg als eine der ausschlaggebenden Rohstoffbasen der Rhein-Ruhr-Industrie — ökonomisch gesehen — in den Hintergrund tritt. Dagegen könnten Stimmen, wie die des zitierten „Parlament", dazu beitragen, das in Lappland herrschende Gleichgewicht zu stören. Wir hoffen, daß dies nicht gelingen wird und daß die 3200 Bergarbeiter der Eisenerzgrube Kiruna, die so glanzvolle Leistungen vollbringen, weiter in Ruhe und Frieden ihrer Arbeit werden nachgehen können.

In den letzten 40 Jahren vergrößerte sich die lappländische Eisenerzproduktion um das Fünffache, während die Arbeiterzahl sich nur um ein Viertel erhöhte. Die Eisenerzbergarbeiter von Kiruna geben so ein glänzendes Beispiel für die Erhöhung der Arbeitsproduktivität. Und wenn nun infolge der durchgeführten Verstaatlichung ihrer Grubenanlagen der von ihnen erzeugte Mehrwert der gesamten schwedischen Bevölkerung zugute kommen wird, dann wird das Ansehen der Kumpel des lappländischen Schneehuhnberges unter der Bergarbeiterschaft der Welt noch größer werden, als es bisher schon war und heute ist. e.

Industriediamanten

Im Gebiet des Golfs von Guinea findet man in Seifenlagerstätten, die sich über Sandsteinen und Konglomeraten gebildet haben, Industriediamanten. Diese werden von den Eingeborenen in Sierra Leone, Liberia, Ghana, Kamerun und dem Ubangi-Scharibezirk (Franz.-Westafrika) gefunden und aufgesammelt. In Sierra Leone fanden nun kürzlich Unruhen statt, deren Hintergründe, wie der „Industrie-Kurier" vom 19. 10. 1957 mitteilt, bisher nicht immer klar erkennbar waren.

„In Wirklichkeit handelte es sich ganz einfach darum, daß die illegalen Diamantensucher gegen die Polizeirazzien einen Aufstand unternahmen, weil man ihnen ihr größtes und schönstes Geschäft nahm. In Sierra Leone, Liberia und Guinea ist es nämlich so, daß die Diamanten oft an der Oberfläche liegen, höchstens aber einen viertel bis anderthalb Meter im Boden, so daß man ohne geologische oder mineralogische Kenntnisse nur einfach nach achteckigen glänzenden Kristallen im Kies oder Sand Ausschau zu halten brauchte, um Diamanten zu finden. Die Chance, einen Diamanten bei leichter Arbeit zu finden, ist in Sierra Leone, Guinea und Liberia beträchtlich höher, als im Fußballtoto im dritten Rang zu gewinnen.

Diese Diamanten werden von Geheimagenten eingesammelt, nach Liberia geschafft, wo in einer sehr entlegenen Gegend zweimal in der Woche eine zweimotorige Maschine eintrifft, die von Libyen herüberkommt. Sie nimmt die Steine mit und bringt sie über Libyen nach Athen oder Beirut, und von dort aus ist es dann nicht mehr weit — nach Moskau.

Der Sicherheitsoffizier der „Sierra Leone Selection Trust Company" wollte diesem einträglichen Geschäft der Eingeborenen ein Ende bereiten. Es könnte sein, daß durch dieses Vorgehen, im Augenblick nur auf Sierra Leone beschränkt, plötzlich Flammen der Revolte in Afrika hochlodern, — nur weil man den Händlern mit schwarzen Diamanten das Geschäft verdarb."

Soweit der „Industrie-Kurier". Das Blatt hatte vorher betont, daß Industriediamanten für gewisse Lager von Raketen mit Fernsteuerung unentbehrlich geworden seien.

Für den Aufbau der Wirtschaft in der Sowjetunion ist es bisher ein großes Hindernis gewesen, daß man über keine nennenswerten Lagerstätten an Industriediamanten verfügte. Diese Situation hat sich durch die Auffindung ausgedehnter Seifenlagerstätten im sibirischen Aldangebiet grundlegend geändert. — Hierüber haben wir in unserer Zeitschrift Nr. 10/56 ausführlich berichtet.

Inzwischen ist es klar geworden, daß die Vorräte an sibirischen Diamanten so beträchtlich sind, daß die Sowjetunion in absehbarer Zeit ihren eigenen Bedarf vollkommen mit Inlanddiamanten decken kann. Die Sowjetunion baut sich eine eigene bodenständige diamantverarbeitende Industrie auf.

Wir stehen weiter auf dem Standpunkt, daß die afrikanischen Diamantsucher keine „illegale" Arbeit verrichten, wenn sie die Bodenschätze ihres Heimatgebietes so auswerten, wie es ihrer Gesellschaftsordnung entspricht. Nicht legal scheint uns vielmehr die Handlungsweise internationaler Konzerne zu sein, die sich durch Ausnutzung ihrer politisch-ökonomischen Macht das Recht anmaßen wollen, „legal" den Afrikanern ihre Diamanten zu rauben, um sie mit hohen Profiten weiter zu vertreiben.

E.

Besprechungen und Referate

KUNDLER, P.

Beurteilung forstlich genutzter Sandböden im Norddeutschen Tiefland

Archiv für Forstwesen 5, Heft 9/10 — Berlin 1956

Um pleistozäne Sedimente durch sedimentpetrographische Methoden horizontal und vertikal nach dem Gehalt an bestimmten Komponenten zu gliedern bzw. stratigraphisch einzuordnen, sind zahlreiche Versuche unternommen worden. Keine der angewandten Arbeitsweisen hat jedoch, als die zweckentsprechendste, allein allgemeine Anerkennung gefunden, wahrscheinlich, weil eine Methode allein überhaupt nicht zum Ziele führen kann.

Daher verdient jeder Versuch, auf diesem Gebiete weiter zu kommen, größte Aufmerksamkeit.

Gegenstand solcher Untersuchungen waren bisher nur die Geschiebemergel. Durch strömendes Wasser bewegte Sande sind unbeachtet geblieben, weil man für sie die bisher gebräuchlichen Untersuchungsmethoden wohl mit Recht als nicht geeignet ansah.

Auf der Betrachtung der gröberen Anteile eines Geschiebemergels, meist mit freiem Auge, beruhen die von MILTHERS (1923ff.), HESEMANN (1930ff.), K. RICHTER (1932ff.) angegebenen Arbeitsweisen. Hierher muß auch die methodische von der Subjektivität der Beobachter oder von der mehr oder minder guten Erkennbarkeit bzw. Kenntnis der Leitgesteine weitgehend unabhängige Dänische Steinzählmethode gestellt werden. Alle diese Arbeitsweisen versagen jedoch, wenn die zu bestimmenden Komponenten des geschlämmten Geschiebemergels von einem Sieb von 6 mm Maschenweite nicht mehr zurückgehalten werden.

Auf feinkörnige und sandige Sedimente wird seit etwa 25 Jahren die mikroskopische, allgemein als „Schwermineralanalyse" bezeichnete Arbeitsweise angewendet. Sie geht von der Überlegung aus, daß die einzelnen Geschiebemergel sich je nach ihrer stratigraphischen Stellung im Ablauf des Pleistozäns und nach der Herkunft der in ihnen aufgearbeiteten kristallinen Gesteine durch den Gehalt an schwerverwitternden Schwermineralien unterscheiden müssen.

Abgesehen von Arbeiten holländischer Verfasser seien hier aus der Fülle der Bearbeiter nur LEINZ (1933), FIEDLER (1939, 1940), DREIMANIS (1941), STEINERT (1948), HAASE (1949) und WEIL (1952) genannt. Eine Zusammenstellung der Arbeits- und Darstellungsweisen gab G. LUDWIG (1953).

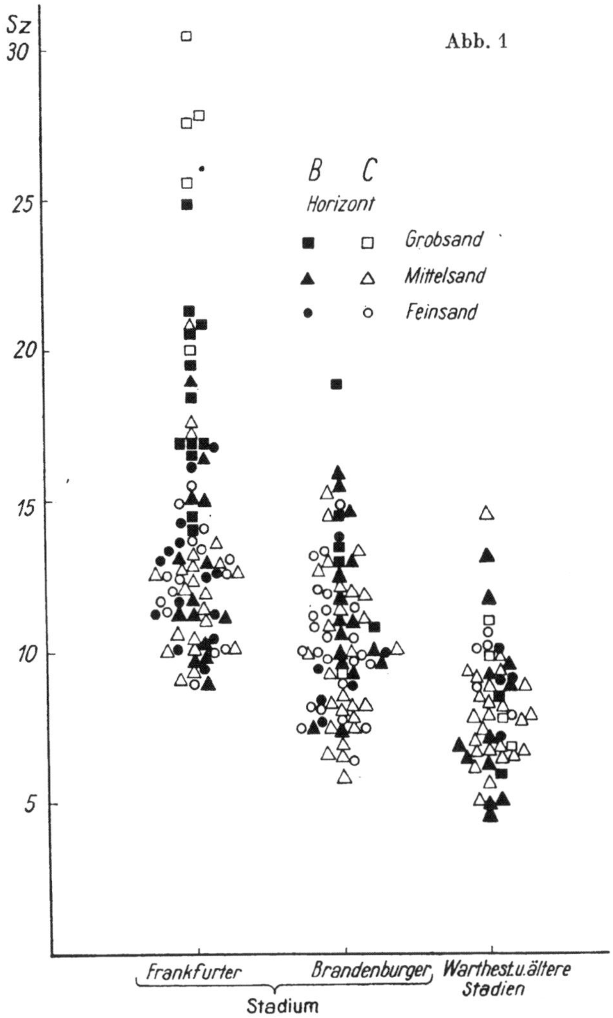

Abb. 1

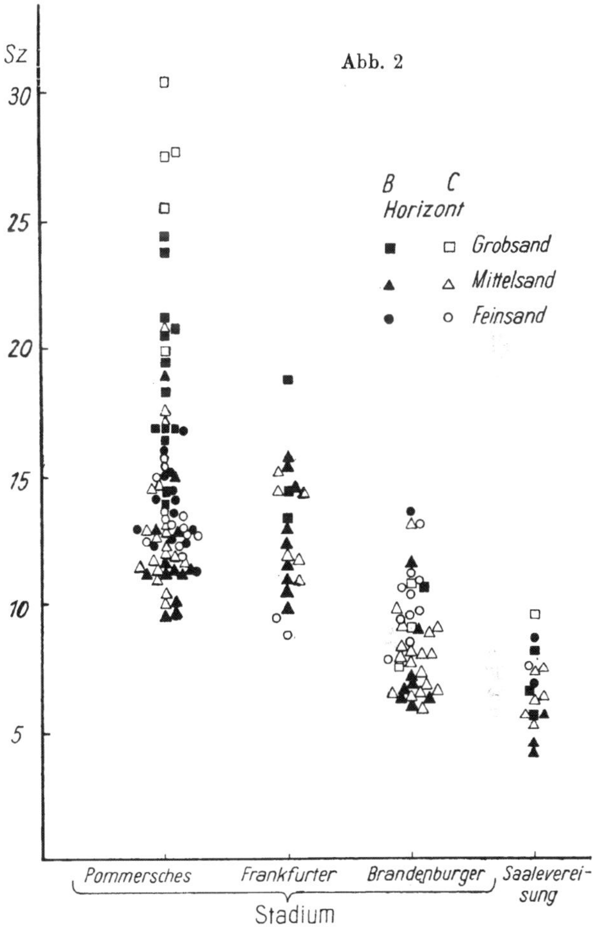

Abb. 2

Die bisher durchgeführten Schwermineralanalysen zur Gliederung von Geschiebemergeln sind jedoch nur sehr bedingt miteinander vergleichbar, nicht nur, weil sie, sporadisch verteilt, örtlich zu weit auseinander liegen, sondern auch, weil die einzelnen Bearbeiter bezüglich der Art der Trennung des Korngemischs, der Aufbereitung, der Größe der untersuchten Fraktionen, der Minerale und der Zahl der ausgezählten Körner sehr unterschiedlich verfahren sind. Untersuchungen, die diese Mängel zu vermeiden suchen, sind zwar begonnen worden, aber noch nicht zum Abschluß gelangt.

Der Verfasser des Aufsatzes hat, entsprechend der speziellen bodenkundlichen und ökologischen Zielsetzung seiner Arbeit, alle größeren Gebiete mit forstlich genutzten Sandböden ohne Grundwassereinfluß untersucht, also die Sande der Schmelzwasserkegel vor den Endmoränen (Sander), die sandig-kiesigen Partien der Endmoränen selbst und die Beckensande in den Vertiefungen der End- und Grundmoränen (Hochflächensande), die Talsande und die Flugsandbildungen in den Tälern.

Für den Raum zwischen Elbe und Oder einerseits und zwischen der Inneren Baltischen Endmoräne (Pommersches Stadium) und den Sandern des Warthe-Stadiums andererseits sind von 118 Beobachtungspunkten 339 Sandproben bearbeitet worden, so daß praktisch für den ganzen mittleren Anteil der DDR am norddeutschen Flachland methodisch vergleichbare Ergebnisse vorliegen.

Als Indikator der Gliederung benutzt der Verfasser u. a. den Silikatgehalt des Sediments. Ausgehend von bereits bekannten mineralogischen Analysenmethoden hat er in der „Silikatzählmethode" eine einfache, leistungsfähige Vorschrift für Serienanalysen entwickelt, die ihrem Wesen nach ebenfalls eine mikroskopische Arbeitsmethode ist. Dabei wird der gereinigte und nach Korngrößen getrennte Sand mit Kanadabalsam auf einen Objektträger geheftet. Nachdem das Präparat mit Flußsäure angeraucht und in ein Benzolgemisch eingebettet ist, können die Silikate unter dem Mikroskop leicht an den Ätzspuren vom Quarz unterschieden werden.

Die Silikatzählmethode erlaubt also, den Silikatgehalt mit wesentlich geringerem Zeitaufwand als ähnliche Methoden zuverlässig zu ermitteln und setzt keine mineralogischen Spezialkenntnisse voraus, kann also unter Umständen Auslesern und anderen Hilfskräften übertragen werden. Einzelheiten müssen in der Originalarbeit nachgelesen werden. Das Ergebnis findet seinen Ausdruck in der „Silikatzahl". Vergleichende Zeitstudien haben ergeben, daß für diese Arbeitsweise in Serienarbeit ein Ätzpräparat in 5 Minuten herge-

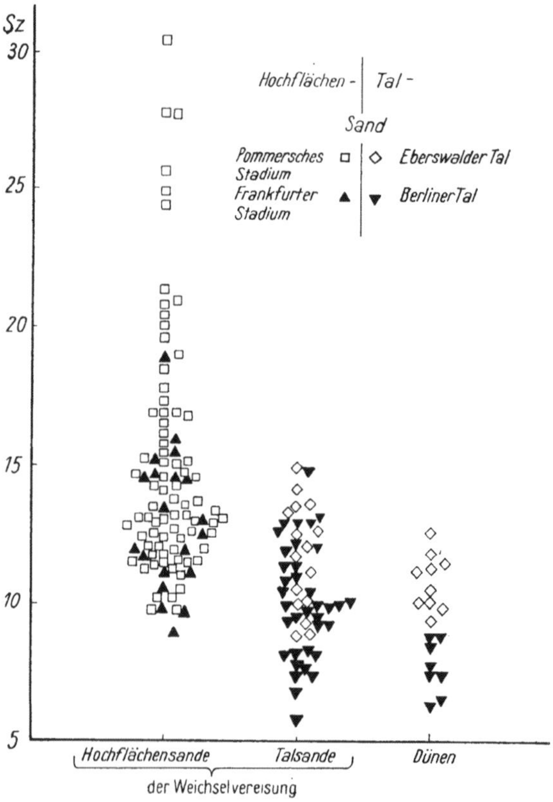

Abb. 3

stellt werden kann, dessen Auszählung etwa 8—10 Minuten beansprucht. Bei der Analyse nach optischen Eigenschaften braucht man allerdings nur 3 Minuten, um ein Kanadabalsampräparat herzustellen; dafür dauert aber das Auszählen etwa 60 Minuten.

Für den kartierenden Geologen dürften die Ergebnisse dadurch besonders von Bedeutung sein, daß aus ihnen eindeutige Beziehungen abgelesen werden können zwischen der Silikatzahl der glaziären Bildungen einerseits und der sedimentpetrographischen Eigenart sowie ihrer Zugehörigkeit zu den verschiedenen Stadien der Weichsel- (Würm-) und der Saale- (Riß-) Vereisungen andererseits. Dadurch tritt die Silikatzählmethode in die Reihe der Hilfsmittel für die stratigraphische Gliederung des Pleistozäns.

Im ganzen gesehen ergibt sich, daß der Silikatgehalt eines Sandes in erster Linie bestimmt wird durch das Alter des Vereisungsstadiums, in dem er abgelagert worden ist, daß er aber auch abhängig ist von der geologischen Bildung der sandigen Sedimente, also ob Tal- oder Hochflächen- oder Dünensande vorliegen, und daß endlich die Korngrößenzusammensetzung von Bedeutung ist. Der Silikatgehalt der Sandsedimente nimmt um so mehr ab, je älter das Vereisungsstadium ist. Sander- und Moränensande sind im Durchschnitt silikatreicher als Tal- und Dünensande. Mittelsande und Mittel-Feinsande sind, verglichen mit Grob- und mit Feinsanden im eigentlichen Sinne, am silikatärmsten. Die Silikate verteilen sich in der Regel, durch die Verwitterungsvorgänge bestimmt, gesetzmäßig auf die verschiedenen Korngrößenfraktionen.

Eindringlicher als aus noch so wortreichen Beschreibungen können die Zusammenhänge aus den beigefügten Abbildungen entnommen werden, die nach den Abbildungen der Originalarbeit hergestellt sind.

Abb. 1 zeigt, daß die Silikatzahlen (Sz) im allgemeinen Durchschnitt aller untersuchten Sandproben von den jüngeren zu den älteren Vereisungsstadien abnehmen. Abb. 2 macht die Abhängigkeit der Silikatzahl der Hochflächensande, also der sandigen Partien der Grundmoränen, vom Alter der Vereisungsstadien deutlich. Die Zahl der Silikate beträgt in den Fundpunkten des Pommerschen Stadiums durchschnittlich 15,0% und sinkt über das Frankfurter Stadium mit 12,9% und das Brandenburger Stadium mit 8,8% auf nur 6,8% in den Ablagerungen der Saalevereisung. Die Beziehung des Silikatgehaltes zu der geologischen Bildung wird an Abb. 3 deutlich. Bei den Hochflächensanden schwankt im Pommerschen Stadium die Silikatzahl in weiter Streuung zwischen 10% und 30% mit einer deutlichen Häufung zwischen 10% und 15%, während für das Frankfurter Stadium die Streuung nur von 9% bis 16% reicht und beim Brandenburger Stadium noch weiter absinkt. Für den Talsand des Eberswalder Tales liegen die Werte zwischen 9% und 15%, für den des Berliner Tales zwischen 5% und 13%. Während bei den Hochflächen- und Talsanden die Werte sich verzahnen, sind die Dünensande klar geschieden; von 6% bis 9% liegt die Silikatzahl im Berliner Tal, zwischen 9% und 13% im jüngeren Eberswalder Tal. Auch hier muß wegen der Einzelheiten auf die Originalarbeit verwiesen werden.

Die Deutung der pleistozänen Sedimente und ihrer Genese sowie die Gliederung des Ablaufs des eiszeitlichen Geschehens ist eine exakte geologische Aufgabe. Jede Möglichkeit, von der bisherigen, vorwiegend morphologischen Betrachtungsweise abzukommen, muß im Interesse einer besseren Kartierung eifrigst aufgegriffen werden. Dazu scheint die bequeme „Silikatzählmethode" nicht die ungeeignetste unter einer Anzahl von Arbeitsweisen zu sein.

Die in dem besprochenen Aufsatz gebrauchte Bezeichnung: Mecklenburger Stadium für das Pommersche Stadium geht wohl auf die Karte 3 in: A. SCAMONI, „Waldgesellschaften und Waldstandorte", Berlin 1954, zurück, in der auch das Brandenburger Stadium umbenannt ist in Berliner Stadium. A. SCAMONI bezieht sich auf P. WOLDSTEDT: „Erläuterungen zur geologisch-morphologischen Karte des norddeutschen Vereisungsgebietes", Berlin 1935, in denen jedoch keine der beiden neuen Bezeichnungen gebraucht wird. Ebensowenig kennt P. WOLDSTEDT in seinem Werk: „Norddeutschland und die angrenzenden Gebiete im Eiszeitalter", Stuttgart 1955, diese Bezeichnungen. In dem neuesten international zusammenfassenden Werk von I. K. CHARLESWORTH: „The Quarternary Era", vol. II. London 1957, werden, z. B. in Fig. 229, diese Eisrandlagen als Frankfurt stage und Pomerianian stage bezeichnet. Es dürfte sich kaum empfehlen, international eingebürgerte geologische Bezeichnungen bestimmten Inhalts ohne Not zu verändern.

MIELECKE

DUNBAR & RODGERS

Principles of Stratigraphy

365 Seiten, 123 Abb., 21 Tab. Verlag John Wiley & Sons, Inc., 440 Fourth Avenue, New York 16, N. Y., 1957, Preis $ 10.—

Mehr als die Petrographie der magmatischen Gesteine ist die Sedimentpetrographie eine geologische Wissenschaft. Die Sedimentpetrographie ist witzlos und langweilig, wenn sie sich nur auf den Stoffbestand beschränkt. Die ganzheitliche Erforschung der Sedimentgesteine nennen die Verfasser „Stratigraphie". Sie vertreten damit einen in Deutschland fremdartigen Standpunkt, nämlich, daß „die Stratigraphie notwendigerweise auf dem Wissen der Sedimentpetrographie und den Gesetzen der Sedimentbildung aufzubauen ist." In Deutschland basiert die Stratigraphie ausschließlich auf der Paläontologie. Lediglich in der Erdölgeologie scheint sich bei uns eine Wendung der Auffassung anzubahnen. Daß die Sedimentpetrographie nicht nur ein großes allgemeines geologisches Bildungsinteresse beanspruchen darf, sondern auch von praktischem Wert ist, davon braucht man heute weder den Geologen noch den Lagerstättenfachmann, noch den Wirtschaftsgeologen zu überzeugen. In fast allen Ländern fließen die größten Einnahmen nicht aus den „Erzlagerstätten", sondern aus den Rohstoffquellen der „Nichterze". Die Überbewertung des Erzbergbaues ist wirtschaftlich heute nicht gerechtfertigt.

Das Werk ist kein Lernbuch, kein Nachschlagewerk, kein Lexikon, sondern im besten akademischen Sinn ein Lehrbuch, in dem gedanklich der Stoff verarbeitet und bewertet ist. In knapper Formulierung, klar und zielstrebig, wird aus den geologischen und petrographischen Tatsachen der Prozeß der Sedimentbildung aufgerollt. Der Stoff ist übersichtlich und sparsam dargestellt, so daß man beim Lesen Zeit zum Nachdenken hat und daß man selbst zu Überlegungen angeregt wird. Nur drei Kapitel sind notwendig, um uns zur Gesamtsynthese der Sedimentbildung zu führen:

I. Die Bildungsbedingungen der Sedimente (90 S.)
   1. Der Sedimentationsprozeß
   2. Nichtmarine Bedingungen
   3. Marine Bedingungen
   4. Komplexe Bedingungen
II. Grundlagen der stratigraphischen Beziehungen (60 S.)
   5. Schichtung
   6. Schichtlücken
   7. Fazies und Fazieswechsel
III. Spezielle Lithothope (90 S.)
   8. Die Nomenklatur der Sedimentgesteine
   9. Rudite
   10. Arenite
   11. Lutite
   12. Redbeds
   13. Karbonatgesteine
   14. Kieselgesteine
IV. Der IV. Teil bringt nunmehr die Synthese
   15. Das Schichtprofil
   16. Die Parallelisierung der Schichten
   17. Das stratigraphische System
   18. Die tektonischen Bereiche der Sedimentbildung.

Erfreulich ist, daß Auffassung und Grundsätze der Sedimentpetrographie und Stratigraphie in Amerika nunmehr die gleichen sind wie in Europa, nachdem sie dort lange Zeit von (dem Hamburger und Schüler JOH. WALTHERS) W. GRABAU vergeblich angeboten, diskutiert und vertreten worden sind. W. GRABAU ging enttäuscht 1920 nach China. Auf ihn (und GRESSLY 1838) geht das heutige Verständnis der Fazieslehre zurück, das uns die stratigraphische Gliederung der Erdgeschichte trotz verschiedener Gesteinsentwicklung ermöglicht. Für den europäischen Geologen ist es daher schwer zu begreifen, weshalb man in Amerika wieder die „Gesteinsstratigraphie" verteidigt, statt die „Zeitstratigraphie" zu übernehmen, wie sie sich in Europa längst als die einzig praktische erwiesen hat. Die „Gesteinsstratigraphie" hat nicht nur (durch die Preußische Geologische Landesanstalt) im Harz, sondern stärker noch in Amerika und der Sowjetunion eine „Überproduktion" von „Formations"-Begriffen hervorgebracht, die DUNBAR allein für Amerika auf 13000 schätzt; in der Sowjetunion sind gemäß des stratigraphischen Lexikons (1956) etwa 4000 geprägt. Abweichend von unserem Gebrauch wird anstelle von „Formation" als stratigraphische Zeiteinheit (z. B. Trias, Jura) „system" verwendet. Die absolute physikalische Zeitskala auf Grund des radioaktiven Zerfalls oder des Isotopenverhältnisses erfährt folgende Kritik: „Wahrscheinlich ist die physikalische Zeitbestimmung in den meisten Fällen erheblich schlechter als die Genauigkeit durch Fossilbestimmungen und innerhalb begrenzter Bereiche durch Gesteinskriterien." Lediglich zur Gliederung der präkambrischen Schichten wird sie für unentbehrlich gehalten.

Auf einige neugeprägte Begriffe soll hingewiesen werden. Statt Dolomit schlagen die Verfasser (n. SHROCK 1948) „dolostone" entsprechend „limestone" vor. Die Diskordanzen werden in vier Typen gegliedert:

1. non conformity („Diskordanz" = Winkel-Diskordanz auf Magmatiten);
2. angular unconformity („Winkel-Diskordanz" auf gefalteten Schichten);
3. disconformity (Relief-Diskordanz mit parallelen Schichten);
4. paraconformity (Scheinkonkordanzen mit Schichtlücke = unconformity n. GRABAU).

Außerordentlich lesenswert sind die eigentlichen petrographischen Kapitel, obgleich hier nicht Gesteine beschrieben werden. Der Standpunkt der Verfasser, daß es notwendig ist, Gesteine exakt zu definieren und sie erst dann zu benennen, ist eine Aufforderung, die ernsthaft befolgt werden sollte. „Für das gegenseitige wissenschaftliche Verständnis und für den Fortschritt der Wissenschaft ist es nicht so gefahrvoll, daß ein Begriff in zwei verschiedenen Bedeutungen verwendet wird, sondern vielmehr, daß diejenigen, die sie verwenden, ihre Verschiedenheit nicht wissen." Ebenso muß man sich von Behelfsbegriffen abwenden, wie sie nun einmal im Gelände benutzt werden. Die Sedimentpetrographie muß die Mineralbestände messen und an Hand graphischer Darstellungen überprüfen, wo die Grenzen auf Grund der Erfahrung gelegt werden sollten. Für die Korngrößenbenennung wird nach wie vor die Wentworth-Skala empfohlen. Glücklicherweise verbreitet sich besonders durch die Bodenkunde auch die europäische DIN-Norm in Amerika.

Das Literaturverzeichnis ist außerordentlich reichhaltig. Ich hoffe, daß die deutsche Ausgabe des RUCHIN „Lithologie", Akademie-Verlag, Berlin (1958) die westlichen Forscher auch mehr als bisher mit der sowjetischen Literatur bekannt macht. Eine empfehlenswerte Neuerung des Buches ist im Literaturnachweis die Angabe der Seitenzahl, wo im Text auf die Literatur Bezug genommen wird. Ebenso erfreulich finde ich, daß die Abbildungen — entgegen der neuerlichen amerikanischen Gepflogenheit — im Gesamtwerk laufend numeriert sind und nicht kapitelweise.

Das Werk ist eine Gemeinschaftsleistung eines Paläontologen und Stratigraphen, von Prof. DUNBAR, dem Herausgeber einer historischen Geologie, und eines praktischen Geologen vom U. S. Geological Survey, Prof. RODGERS, seines jetzigen Mitarbeiters an der Yale University. Eine glückliche Ergänzung könnte dieses Werk erhalten, wenn ein Vertreter der systematischen Petrographie sich zu dieser Arbeitsgemeinschaft finden würde. In seinem jetzigen Entwurf bleibt aber das Werk vorbildlich und meisterhaft. Das Grundsätzliche ist erschöpfend und souverän herausgearbeitet. Vorzügliche und höchst lehrreiche Bildausstattung, zahlreiche Profilkarten und -skizzen bilden eine besondere Anziehung, die man bei den Büchern des Verlages von Wiley & Sons fast als selbstverständlich längst gewohnt ist. A. SCHÜLLER

HAALCK, H.

Die Gliederung des Gesteinsmantels der Erde

Forschungen und Fortschritte, Juni 1957, 31. Jg., H. 6

Ausgehend von einer Auswertung der 1940 von JEFFREYS und BULLEN veröffentlichten sogenannten mittleren Laufzeitkurven der Erdbebenwellen versucht der Autor, auf die Art und Lage von Grenzflächen im Erdinnern Schlüsse zu ziehen. Da das bisher immer zugrunde gelegte Berechnungsverfahren von WIECHERT und HERGLOTZ Feinheiten im Schichtenaufbau verwischt, beschreitet der Verfasser einen anderen Weg: Er bildet die erste Ableitung der Laufzeitkurven und gelangt damit zur „scheinbaren Oberflächengeschwindigkeit", das ist die Geschwindigkeit, mit der sich der Welleneinsatz von einem zum anderen Beobachtungspunkt an der Erdoberfläche fortsetzt. Danach ergeben sich

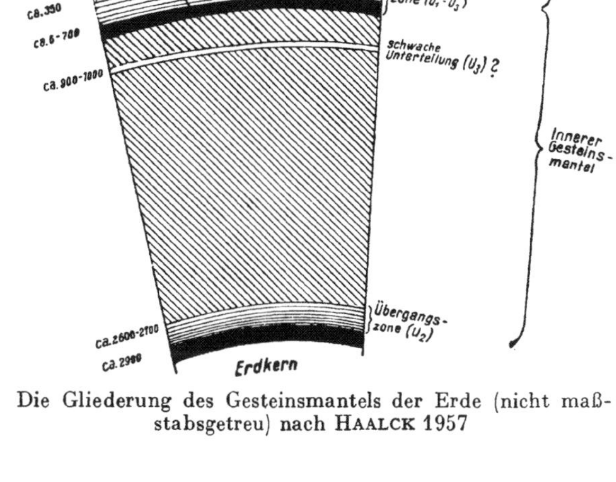

Die Gliederung des Gesteinsmantels der Erde (nicht maßstabsgetreu) nach HAALCK 1957

für die einfachen Longitudinal- und Transversalwellen zwei deutlich ausgeprägte Unstetigkeiten in Form einer plötzlich starken Geschwindigkeitszunahme bei einer Epizentralentfernung von 20° (U_1) und einer Abnahme bei 90°—95° (U_2). Eine dritte, sehr schwach ausgeprägte Unstetigkeit U_3 kommt nur bei den Transversalwellen in einer Herdentfernung von 35° zum Ausdruck. Die an der Erdoberfläche zum Teil mehrfach reflektierten Wellen sowie die Wechselwellen zeigen ein völlig analoges Verhalten.

Daraus läßt sich eine bei 19° bzw. 20° auftretende Brennpunktwirkung und anschließende Schattenwirkung der Schicht abweichender Wellengeschwindigkeit ableiten, wie dies bereits seit langem vom Erdinneren bekannt ist. Die erste seismische Unstetigkeitsfläche müßte demnach von einer in 300 km Tiefe beginnenden Übergangszone im Erdinnern hervorgerufen werden. Die zweite Unstetigkeit mit einer Geschwindigkeitsabnahme wäre in 2600—2700 km Tiefe zu suchen.

Nunmehr ergeben sich für die Gliederung des Gesteinsmantels der Erde die in der Abb. zusammenfassend dargestellten Schlußfolgerungen. Sie führen im wesentlichen zu einer Dreiteilung, nämlich in einen äußeren und inneren Gesteinsmantel und den Erdkern. Die Trennung der einzelnen Schichten erfolgt durch Übergangszonen, denen Unstetigkeiten im elastischen Verhalten des Erdinnern entsprechen. Während im äußeren Teil des Gesteinsmantels Materialänderungen als Ursache der Schichtung in den elastischen Eigenschaften der Materie in Frage kommen, können in größeren Tiefen unter dem starken Druck die Elektronenhüllen, besonders die molekularen Bindungen zusammenbrechen und einen Übergang in einen anderen Phasenzustand bewirken. Darüber hinaus ließe sich die Geschwindigkeitszunahme bzw. Verringerung mit Änderungen in der stofflichen Zusammensetzung, z. B. Zunahme des Eisengehaltes im inneren Gesteinsmantel und Zunahme des Wasserstoffgehaltes beim Übergang zum Erdkern erklären.

Die Tiefenstruktur der Kruste macht sich noch in 700 km Tiefe bemerkbar, wo noch vereinzelt bruchartige Erscheinungen auftreten. Im übrigen dürfte die Übergangszone zwischen äußerem und innerem Gesteinsmantel als der eigentliche Sitz der gebirgsbildenden Kräfte und der magnetischen Säkularvariationen anzusehen sein. NOSSKE

STRUNZ, H.

Mineralogische Tabellen. Eine Klassifizierung der Mineralien auf kristallchemischer Grundlage

3. neubearb. Auflage, 448 Seiten, 68 Abb. Akademische Verlagsgesellschaft Geest & Portig KG, Leipzig (1957), Preis geb. DM 34,—, Format Gr. 8°

Die „Mineralogischen Tabellen" stellen das System der Minerale auf morphologischer und kristallstrukturchemischer Grundlage dar. Von den Eigenschaften der Minerale sind nur die kristallographisch wichtigen aufgeführt. Der Verfasser hat mehrfach künstliche Kristalle in das mineralogische System aufgenommen. Neuartig gegenüber der alten Auflage sind die Literaturnachweise für die Kristallstrukturbestimmung aller Minerale. Damit sind die Tabellen in einem Maße aktuell geworden, das sie weit über den Kreis der Mineralogen heraushebt und für den wesentlich größeren Kreis der gesamten Kristallographen zu einem unentbehrlichen Ratgeber werden läßt. Eine Systematik der Minerale muß auch den Belangen des Petrographen gerecht werden. Man sollte daher die Vorschläge von A. N. WINCHELL mehr beachten. Dasselbe gilt für die vom Verfasser übernommene Gruppierung der Glimmer. Allein auf Grund von Feinstrukturuntersuchungen sind Gruppierungen für den Petrographen und damit auch für den Mineralogen nicht brauchbar. Die Definition der Tonminerale (S. 326), wie sie neuerdings auch BRINDLEY zum Internationalen Kongreß für Kristallographie vertreten hat (Korngrößendurchmesser $<$0,02 mm), kann ich nicht gutheißen. Dann ist Kaolinit sehr oft kein Tonmineral und Quarz ist ein sehr wichtiges „Tonmineral"! Die Literatur der Sowjetunion ist wahrscheinlich nahezu vollständig erfaßt worden. Insgesamt führt H. STRUNZ 2309 Mineralnamen an, die sich nach Abzug der Synonyma und der Unterarten zu 1358 Mineralarten vereinigen.

Neben dieser grundlegenden dokumentarischen Originalarbeit hat das Werk noch einige Vorzüge, auf die hinzuweisen ist. Es gliedert sich in 3 Teile: Der Hauptteil (Teil II) enthält die oben besprochene „Systematik der Minerale auf kristallchemischer Grundlage". Der I. Teil ist „Einführung in die Kristallchemie" überschrieben. Die Absicht des Verfassers war, das Inventar der Begriffe aufzustellen, diese didaktisch abzuleiten und klar zu definieren. Sehr dankenswert ist die Übersicht B. „Spezielle Kristallstrukturen", die man als kleines Lehrbuch der speziellen Kristallstrukturlehre ansprechen kann. Am schwierigsten ist der III. Teil „Ausgeschiedene Mineralnamen-Register" zu beurteilen, weil hierbei die Erfahrung eines einzelnen nahezu überfordert wird. Vergleicht man etwa den Mineralindex von M. HEY mit diesem III. Teil, so wird man erhebliche Unterschiede finden. Dieser Teil ist jedenfalls eine beachtliche Arbeitsleistung.

An sich bedürfen die „Mineralogischen Tabellen" in der längst wieder erwarteten 3. Auflage keiner besonderen und weiteren Empfehlung. Sie sind ein unentbehrliches Nachschlagewerk für den wissenschaftlichen wie den praktischen Mineralogen.

A. SCHÜLLER

TRUSHEIM, F.

Über Halokinese und ihre Bedeutung für die strukturelle Entwicklung Norddeutschlands

Z. deutsch. geol. Ges. 109, 1, 1957, S. 111—158

Unter Halokinese versteht der Autor alle mit den durch die Schwerkraft bedingten Salzbewegungen verknüpften kinetischen Vorgänge. Die Salzbewegungen beginnen im allgemeinen mit einer seitlichen Migration des Salzes in „Salzkissen". Aus diesen heraus können sich kaminartige Diapire gleichsam als Ventile entwickeln.

In einer Abbildung (S. 138, Abb. 13) zeigt der Verfasser die verschiedenen Salzstrukturtypen Norddeutschlands.

Die „Randsenken", zu denen die sogenannten „Juratröge" gehören, sind die mit Sedimenten ausgefüllten, durch die Salzabwanderung entstandenen Senkungsgebiete.

„Mit der Entstehung des ersten Salzkissens wird eine Kettenreaktion eingeleitet, die den gesamten in Frage kommenden Salinarbereich erfaßt. Die Halokinese begann in Norddeutschland vermutlich im Gebiet des Rotliegend-Salinars von Holstein, und zwar wohl bereits in der tieferen Trias. Ihre Wellenfronten wanderten von hier aus unter weitgehender Angleichung an das Relief der präsalinaren Unterlage gegen die Beckenränder."

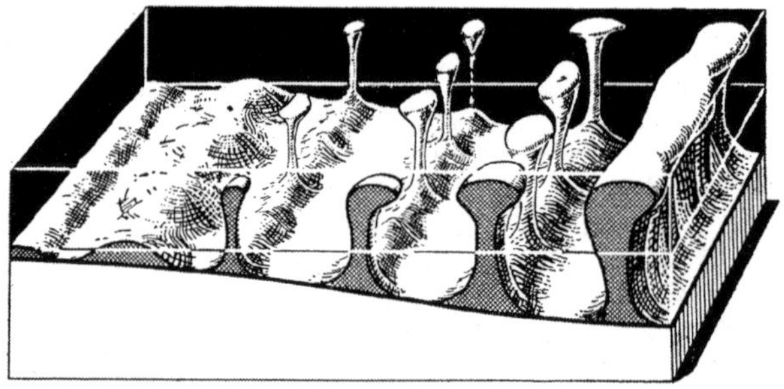

Schema der Salzstrukturtypen Norddeutschlands in Abhängigkeit von der angenommenen ursprünglichen Mächtigkeit der permischen Salzlager, die die horizontale gestrichelte Linie angibt

Die vom Autor zusammengestellten Erkenntnisse basieren neben den Ergebnissen von Tiefbohrungen vor allem auf der geologischen Interpretation zahlreicher reflexionsseismischer Profile, die bis zu 4000 m Tiefe und mehr hinabreichen.

Es wird dann die Zechsteinbasis beschrieben, deren Tiefenlinien in einer Kartenskizze von Dr. SANNEMANN niedergelegt sind. Die Disharmonie zwischen dem Deckgebirge und dem präsalinaren Untergrund geht nach dem Verf. auf die Salzvorkommen und die durch ihre Migrationsbewegungen hervorgerufene Halokinese zurück. Für die Auslösung der Migration reichen die Kräfte des Salzauftriebes allein aus; echte tektonische (= orogenetische) Einwirkungen sind zu ihrer Ingangsetzung nicht nötig. Die bisher in Deutschland verbreitete Auffassung, daß „Salztektonik" nichts sei als die Verhaltungsweise des passiven Mediums Salz auf echttektonische Beanspruchung, wird daher energisch bestritten. Auf die vielen wertvollen Einzelheiten, die der Autor aus den einzelnen Salzstockgebieten Nordwestdeutschlands — kurz auch aus dem Thüringer und dem Mansfelder Becken — bringt, sei besonders hingewiesen.

Die Folgerungen der neuen Erkenntnisse über die örtlich sehr intensive Halokinese des Deckgebirges im Gegensatz zur mehr ruhigen Lagerung des Präsalinars und über die dadurch entstehende Disharmonie beider Stockwerke für die Erdölerkundung werden kurz gestreift.

REYNA, J. G.

Symposium sobre yagimientos de manganeso

XX Congreso geológico internacional, México 1956.

Diese ausführliche Monographie über das Mangan, seine Erze und deren Lagerstätten besteht aus 5 Bänden. Im Bd. I werden allgemeine Fragen, im Bd. II die afrikanischen, im Bd. III die amerikanischen, im Bd. IV die asiatischen (einschließlich Ozeanien) und im Bd. V die europäischen Lagerstätten besprochen.

Bd. I beginnt mit einem Beitrag von P. RAMDOHR über „Die Manganerze". Es folgt dann ein Aufsatz von CH. F. PARK: „On the origin of manganese", in dem der Autor nach genetischen Gesichtspunkten vorwiegend hydrothermale, sedimentäre, metamorphe und Verwitterungslagerstätten (einschl. der Laterite) bespricht. E. RAGUIN: „Sur les gisements de manganèse sédimentaires" und H. MARCHANDISE: „Contribution à l'étude des gisements de manganèse sédimentaires" berichten über die sedimentären Manganerzlagerstätten.

Im Bd. V — Europa — werden die Manganerzvorkommen von Österreich, Belgien, der ČSR, Spanien, Finnland, Frankreich, Großbritannien, Irland, Norwegen, Portugal und Rumänien behandelt. Aus diesem Band seien die folgenden Beiträge hervorgehoben: Z. POUBA: „Manganerze in der ČSR" (englisch) und V. IANOVICI: „Allgemeine Informationen über die rumänischen Manganerzlagerstätten" (französisch).

In einem Anhang zum Bd. V werden die sowjetischen Arbeiten in englischer Übersetzung erscheinen, darunter von A. G. BETECHTIN: „Allgemeine Übersicht über die Manganerzlagerstätten der UdSSR"; vom gleichen Autor in Zusammenarbeit mit D. P. DODLIDSE ein Beitrag über die Lagerstätte von Tschiatura sowie von V. J. GRIASNOW und G. D. SKRIABIN eine Abhandlung über die Lagerstätte von Nikopol.

Weitere Beiträge dieses Nachtrages beschäftigen sich mit den Manganerzlagerstätten im Nordural, in Kasachstan und Sibirien. E.

PETRASCHEK, W. E. jr.

Kohle. Naturgeschichte eines Rohstoffes

Verständliche Wissenschaft, 59. Bd., 1.—6. Tausend, mit 64 Abb., 104 S., Springer-Verlag Berlin, Göttingen, Heidelberg 1956. Preis geb. 7,80 DM

Im Jahre 1940 erschien die erste, von JURASKY verfaßte Auflage dieses Buches; sie war umfassender (170 S.) und betonte entsprechend der Herkunft des Verfassers die paläobotanische Seite. Die jetzt vorliegende zweite Auflage wurde von dem Geologen und Lagerstättenkundler PETRASCHECK jr. vollständig neu geschrieben. In der Neufassung spiegeln sich die Gegensätzlichkeiten zu einer rein chemischen Betrachtungsweise, die vom geologischen Standpunkt in vielem nicht gebilligt werden kann, deutlich wider, insbesondere in den Auseinandersetzungen mit der Schule von FUCHS, Aachen.

Der Verfasser hat es verstanden, alles Wichtige über die Kohle als Energiequelle, über den Aufbau der Kohlen, die Voraussetzungen zur Bildung der Kohlenlager, die Inkohlung und die durch geologische Einflüsse hervorgerufenen Veränderungen der Kohlenflöze in knappen und geradezu eindringlichen Sätzen darzustellen, so daß auch der Fachmann Freude daran hat. Ein sehr anschaulicher Abschnitt über die Arbeit des Kohlengeologen und ein Anhang mit den neuesten Zahlen über Kohlenförderung und -vorräte schließen das gut ausgestattete Büchlein ab.

Leider legt der an der Montanistischen Hochschule in Leoben wirkende Verfasser in vielem die österreichischen Verhältnisse zugrunde und zeigt sich über unseren mitteldeutschen Bergbau, der bekanntlich die größte Braunkohlenförderung aufweist, nur unzureichend unterrichtet. Das zeigt z. B. der falsche Hinweis auf sächsische Steinkohlen aus dem Zechstein (S. 48)! Die zu beobachtenden sprachlichen Mängel betreffen auch Fachausdrücke: es heißt nicht *der* Abbauort, sondern *das* Abbauort (S. 93); die Bezeichnung „Klüfte" wird nicht mehr inbezug auf die Kohlen, sondern nur auf das Nebengestein angewendet (S. 68, 97); die falsche Schreibweise „Eßkohlen" (S. 7, 57, 99) statt „Esskohlen" (von Esse) sollte man tunlichst vermeiden usw. Es ist auch nicht ratsam, die Fachbezeichnung „Stollen" in dem verallgemeinernden volkstümlichen, aber falschen Sinne zu verwenden (S. 72, 85, 92, 94 usw.), denn schließlich soll das Buch belehrend sein. Es ist schade, daß sich darüber hinaus noch grobe Fehler eingeschlichen haben; man kann beispielsweise nicht den Klarit zur Mattkohle schlagen (Legende zu Abb. 57) oder die Kännelkohlen als „extrem claritische Flöze" kennzeichnen (S. 86). Dies alles mindert den Wert des Buches, so daß es an Gediegenheit hinter der Erstauflage zurücksteht. Eine kritische Durchsicht bei einem Neudruck ist daher nötig.

HORST.

Nachrichten und Informationen

Erkundung bayrischer Lagerstätten

Auf der Tagung des bayrischen Bergbaus, die in Bad Reichenhall vom 8.—11. 10. 1957 stattfand, gab der Präsident des Oberbergamtes einen umfassenden Überblick über die Entwicklung des bayrischen Bergbaus, dem wir folgendes entnehmen:

Im letzten Jahr nahmen 20 neue Gruben den Betrieb auf. Dadurch ist die Zahl der bayrischen Bergbaubetriebe auf 343 angewachsen. Die Lage des Steinkohlenbergbaus im nordöstlichen Grenzgebiet ist so günstig, daß in Kürze mit einer wirtschaftlichen Gesundung zu rechnen ist. Da die Lagerstätte auf das Gebiet der DDR übergreift, ist diese Feststellung für uns von besonderem Wert.

Im Bezirk Penzberg konnte die Pechkohlenförderung auf 3500 tato gebracht werden.

In Tittmoning ist die Errichtung einer neuen Anlage für eine Förderung von zunächst 800—1000 tato Braunkohle in Aussicht genommen. Die Vorräte sollen für 40—50 Jahre ausreichen.

Auf Erdöl und Erdgas sind bisher 33 Tiefbohrungen abgeteuft worden, von denen 17 auf Erdöl und Erdgas und 7 auf Erdgas fündig geworden sind. Die Vorräte an Erdgas haben einen so erheblichen Zuwachs erfahren, „daß mit einer für wirtschaftliche Planungen ausreichenden Dauer der Belieferung gerechnet werden kann".

Die Grube Weißenstadt im Fichtelgebirge hat enttäuscht. Es sollen aber weitere Untersuchungen auf Uran in diesem Gebiet durchgeführt werden.

Bei den Arbeiten im ostbayrischen Granit- und Gneisgebiet und in den Sedimentflächen der Triasschichten in Mittel-, Ober- und Unterfranken konnten die ersten Anhaltspunkte für den Ansatz weiterer Spezialuntersuchungen auf Uranerze gewonnen werden. Auch das Braunkohlentertiär bei Schwandorf/Opf. habe sich in nicht unbedeutendem Maß als uranfündig erwiesen, wenn auch die Aufbereitung schwierig erscheint.

Die Arbeiten zur Herstellung von Graphitsteinen aus nuklearreinem Graphit für Reaktoren bereiten noch große Schwierigkeiten, doch hoffe man, wenn eine einwandfreie Herstellung gelingen sollte, auf diesem Gebiet „ein Weltmonopol" zu erreichen.

Nachdem die Abteufarbeiten in Sulzbach überwunden seien, hätten die gesteigerten Anforderungen der Eisenhütten an Kreideerzen aus der Oberpfalz und an Doggererzen aus Oberfranken befriedigt werden können. In der Kressenberger Eisenerzlagerstätte — südöstlich von Braumstein — konnten neue Vorräte in Höhe von 20—22 Mio t nachgewiesen werden. E.

Die Bodenschätze Ghanas

In Ghana ist nach dem Kakaoanbau der Bergbau der wichtigste Wirtschaftszweig. Er bestritt 1955 etwa 17% des Gesamtwertes des Exports der damals britischen Kolonie Goldküste und beschäftigte rund 16% der Lohnarbeiter.

Dem Werte nach steht die Goldproduktion an erster Stelle. Das Gold wird aus Quarzgängen (69%), Konglomeraten (27%) und alluvialen Seifen (4%) gewonnen. Die wirtschaftlich bedeutendsten Goldquarzgänge liegen im Südwesten des Landes in den Bezirken Wassaw und Sefwi. Der Goldgehalt liegt im Durchschnitt bei 20 g je Tonne Erz, schwankt aber in den einzelnen Gängen sehr stark. Die Goldförderung Ghanas beträgt jetzt etwa 20000 kg im Jahr.

An zweiter Stelle im Bergbau steht die Diamantengewinnung. Die bedeutendsten Diamantenfelder Ghanas liegen in den Gebieten des Birim- und des Bonsa-Flusses, die zusammen ein Gebiet von etwa 6500 km² umfassen. Daneben kommen Diamanten in den Bezirken Tarkwa, Wassaw (bei Enchi) und Sefwi vor sowie im Joyo- und Busumpen-Fluß, im Volta-Fluß und an einigen anderen Stellen.

Die Gewinnung der Diamanten erfolgt (neben zwei britischen Gesellschaften) vor allem durch eingeborene Schürfer, die selbständig arbeiten und über 50% der Diamanten fördern. Ihre Zahl betrug im Jahre 1954 etwa 12000. 1955 erreichte die Diamantenförderung über 2 Mill. Karat, also etwa 4000 kg. Ein allgemeines Merkmal der in Ghana geförderten Diamanten ist ihre geringe Größe. Auf 1 Karat (= 200 mg) entfallen etwa 15–25 Diamanten.

Das nächstwichtigste Bergbauprodukt ist Manganerz. Ghana steht in der kapitalistischen Welt gegenwärtig nach Indien und der Südafrikanischen Union als der drittgrößte Manganerzproduzent da. Manganhaltige Phyllite sind weit verbreitet.

Die Lagerstätte von Nsuta, südlich von Tarkwa, weist einen durchschnittlichen Mangangehalt von etwa 50–53% auf. Ein weiteres Vorkommen mit 48% Mangan liegt 5 km südlich von Mpesaso, westlich Kumasi. Die gesamten Manganerzvorräte in Ghana wurden auf 12 Mill. Tonnen geschätzt. Auf Grund seines geringen Phosphorgehaltes ist das Erz besonders zur Herstellung von Ferromangan geeignet. Die Förderung, die unter nordamerikanischem Einfluß steht, erreichte etwa 450000 Jato. Der überwiegende Teil des Erzes wird nach den USA exportiert.

Die Bauxitlagerstätten Ghanas gehören zu den größten der Erde. Ihre Vorräte betragen etwa 220 Mill. Tonnen. Die Regierung beabsichtigt, mit amerikanischer und britischer Hilfe den Volta-Fluß zu regulieren, für die Erzeugung billiger Elektrizität auszuwerten und eine eigene Aluminiumindustrie aufzubauen. Nach Verwirklichung dieser Pläne würde Ghana zum drittgrößten Aluminiumproduzenten nach den USA und Kanada innerhalb des kapitalistischen Wirtschaftsgebietes werden. E.

Lagerstättenerkundung in Tanganjika

Östlich des Tanganjika-Sees soll ein 54000 km² großes Gebiet durch südafrikanische Geologen eingehend untersucht werden. Die Schürftrupps sind mit neuesten geophysikalischen Geräten ausgerüstet. Die Erkundung, die auf seltene Metalle durchgeführt werden soll, wird gleichzeitig von Flugzeugen und vom Boden aus vorgenommen. 30 Geologen und Topographen sollen eine detaillierte geologische Karte des Untersuchungsgebietes herstellen. Die an der Erdoberfläche arbeitenden Trupps werden dabei durch Funknachrichten in die Gebiete dirigiert, die von den Flugzeugen aus durch photographische Aufnahmen und geophysikalische Messungen für besonders erfolgversprechend angesehen werden.

Die Untersuchungsarbeiten werden von einem Zentrum aus geleitet, das in Chunja, etwa 1000 km westlich von Dar-es-Salam, unweit des aufzunehmenden Gebietes liegt. Der nördlichste Punkt des Untersuchungsgebietes liegt am Tanganjika-See in der Nähe von Edjidji. Im Süden endet es an der Grenze von Nordrhodesien am Rikwasee. E.

Geologische Spezialkarte von Polen

Der Präsident des Zentralamtes für Geologie unterschrieb im vergangenen Jahr die Verordnung Nr. 19 betreffs der Ausarbeitung und Herausgabe einer Geologischen Spezialkarte Polens. In der Verordnung wurden der Begriff der Geologischen Spezialkarte und der Zweck, welchem sie dienen soll, klargestellt. Die Geologische Spezialkarte Polens wird vom Geologischen Institut bearbeitet und für folgende Zwecke herausgegeben:

1. Hinweise über die Ausrichtung der weiteren geologischen Forschungen,
2. Hinweise über mögliche Vorkommen von nutzbaren Lagerstätten in einem bestimmten Gebiet und Hinweise für die weitere Vorerkundung und Erforschung dieser Lagerstätten,
3. die Veranschaulichung der hydrogeologischen und ingenieurgeologischen Verhältnisse in einem solchem Umfange, der für ihre Auswertung unerläßlich ist.

In der Verordnung sind ebenfalls die Zeichen, Farben und Symbole angeführt, mit welchen die geologischen Ergebnisse auf der Karte bezeichnet werden sollen. Der Direktor des Geologischen Instituts wurde ermächtigt, die Richtlinien und Arbeitsverfahren für die Geologische Spezialkarte Polens und den Inhalt ihrer einzelnen Bestandteile festzulegen. Die Verordnung nebst Anlage und der Skizze einer Musterkarte werden gedruckt und in Form einer Sonderbroschüre herausgegeben.

(Aus „Przeglad Geologiczny", Mai 1957, S. 216)

Die Stellung der Mineralogie im Geologischen Dienst der Vereinigten Staaten von Amerika

In der geologischen Abteilung des U.S. Geological Survey sind 800 Geologen (einschließlich aller Mineralogen und Petrologen) tätig, 85 von ihnen im geochemischen und petrologischen Zweig. Schätzungsweise 75% der Petrographen sind in der Lage, Röntgenverfahren sowie moderne optische und chemische Methoden anzuwenden. Die übrigen Geologen (außerhalb des geochemischen und petrologischen Zweiges) haben im allgemeinen indirekt Zugang zu solchen Einrichtungen. Diese Zahlen zeigen, daß gegenwärtig nur ungefähr 10% der Geologen Messungen mit modernen mineralogischen Ausrüstungen ausführen. Ein wichtiger, erwähnenswerter Punkt ist jedoch, daß man von der Mehrzahl der Geologen, welche diese Einrichtungen nicht zur Verfügung haben, erwartet, daß sie einfache Untersuchungen selbst ausführen, einschließlich der Lötrohranalyse; die meisten sind mit einem Polarisationsmikroskop ausgestattet (der U.S. Geological Survey hat etwa 550 Polarisationsmikroskope und etwa 350 Binokularmikroskope). Auch wird von ihnen erwartet, daß sie imstande sind, Messungen und Bestimmungen, die sie für ihre besonderen Forschungen benötigen, anzufordern. Das bedeutet, daß der Durchschnittsgeologe wissen muß, was mit modernen Untersuchungsmethoden geleistet werden kann und wie die Resultate, die er verlangt hat, in Beziehung zu seinen eigenen Problemen zu bringen sind.

Auszug aus dem „Symposium on the Teaching on Elementary Mineralogy" — A practical approach, von GEORGE T. FAUST, U.S. Geological Survey, im: Journal of Geological Education, Vol. 4, No. 2, Pt. 2, Fall 1956, Pp. 83–86.

A. S.

Ölschiefergewinnung in Estland

1956 war die Ölschieferförderung in Estland auf 7,5 Mio t angestiegen. Bei der Verarbeitung werden Haushaltgas, Schieferöl und Benzin sowie wertvolle chemische Produkte, wie Phenole, Hyposulfide, Lacke u. a., gewonnen. In zunehmendem Maße wird die Asche der verarbeiteten Schiefer in der Baustoffindustrie verwertet. Im 6. Planjahrfünft soll die Schiefergewinnung auf das 1,7fache erhöht werden. In der Nähe von Narwa hat man mit dem Bau eines Kraftwerkes begonnen, das mit Ölschiefer bzw. Ölschiefergas beheizt werden wird. Mit dem Kraftwerk wird ein Kombinat für Baustoffe gekoppelt werden. Das Ölschiefergaswerk von Kochtla-Jarwe ist zur Zeit das größte Industriewerk der estnischen SSR. E.

Eindringen des Mineralöles in die Produktionsbasis des Ruhrgebietes

Mit der Herstellung von Benzol auf Steinkohlenbasis hatte sich um die Jahrhundertwende die Ruhrindustrie in die Kraftstofferzeugung eingeschaltet. Schon vor dem ersten Weltkrieg wurde die Hälfte der damaligen Benzolerzeugung, nämlich etwa 100000 jato, vom Kraftsektor aufgenommen. Seit Mitte der 20er Jahre wurden hochwertige Benzin-Benzol-Gemische hergestellt. Nach 1930 wurde dann in Mitte deutschland auf der Basis Braunkohle und in Westdeutschland auf der Basis Steinkohle die Herstellung von synthetischem Benzin entwickelt. Im Ruhrgebiet wurden bis zum zweiten Weltkrieg vier Hydrierwerke aufgebaut, nämlich „Scholven-Chemie" und „Gelsenberg-Benzin" in Gelsenkirchen, „Ruhröl" in Bottrop und „Union Rheinische Braunkohlen-Kraftstoffe" in Wesseling bei Köln. Außerdem arbeiteten an verschiedenen Stellen des Revieres sechs Fischer-Tropsch-Syntheseanlagen. 1939 wurde auf Kohlenbasis, d. h. durch Verkokung, Hydrierung und Synthese bis zu 50% des Friedensbedarfes an Vergaserkraftstoffen gedeckt. Nach 1945 war im Ruhrgebiet die Erzeugung von Kraftstoffen in Hydrier- und Synthesewerken auf Kohlebasis von den Besatzungsmächten verboten worden. Nach Aufhebung des Verbotes fiel der Anreiz, zur Kohleverarbeitung zurückzukehren, fort.

Die Entwicklung der deutschen Erdölförderung und das stetig wachsende Angebot an Nahostöl veranlaßten die westdeutschen Hydrierwerke, sich rohstoffmäßig umzustellen. Diese Maßnahme wurde erleichtert, weil das Hydrierungsverfahren ohne Schwierigkeiten auf Erdöldestillationsrückstände übertragen werden konnte. Die Ausbeute an Benzin und Dieselkraftstoff wurde dadurch erhöht.

Die drei großen Werke: „Gelsenberg-Benzin", „Scholven-Chemie" und „Union Wesseling" behaupten, dadurch, daß sie durch thermisches Cracken, Polymerisieren, katalytisches Cracken und katalytisches Reformieren ihre Verfahrenstechnik verbesserten, den Stand der amerikanischen Entwicklung voll erreicht zu haben.

Die Benzin-Synthese auf Kohlebasis wird im Ruhrgebiet nur noch von den Chemischen Werken Bottrop durchgeführt. Gegenwärtig macht die Mineralöl-Verarbeitungskapazität an Rhein und Ruhr rd. 6,3 Mio jato aus, das sind über 40% der Kapazität der Bundesrepublik. Es ist beabsichtigt, im Rhein-Ruhr-Gebiet in den kommenden Jahren vier neue große Raffinerien zu errichten. Die Mineralöl-Verarbeitungskapazität dieses Revieres dürfte sich in den nächsten Jahren bis zu einer Größenordnung von rd. 20 Mio jato entwickeln. In der Mineralöl-Beilage des „Handelsblatt" vom 12./13. 7. 57 heißt es wörtlich:

„Die sich bereits abzeichnende Verlagerung des Schwerpunktes der deutschen Mineralölverarbeitung in diesem Raum gewinnt also europäisch gesehen Bedeutung. ... Im Rhein-Ruhr-Gebiet tritt das Mineralöl mehr und mehr neben die traditionellen Produktionsgüter Kohle, Eisen und Stahl."

E.

Verflüssigtes Erdgas

Einem Aufsatz von Dr. F. FETZER: „Öl — ein neuer Rohstoff für die Gaserzeugung", der in der Beilage zu Nr. 36 des „Volkswirts" vom 7. 9. 57 erschien, entnehmen wir den Absatz über die Perspektiven der westeuropäischen Gasversorgung:

„Für die westeuropäische Gasversorgung wird in den kommenden Jahren Erdgas eine steigende Bedeutung gewinnen, und zwar nicht nur Erdgas, welches in Westdeutschland im Emsland, in Schleswig-Holstein, im Oberrheintal und östlich von München oder in Oberitalien und in Südfrankreich bereits gefördert wird, sondern vor allem auch Erdgas, das im Ausmaße von bis zu 30 Mio m^3 täglich allein im Nahen Osten zur Verfügung steht, neben nicht minder großen Mengen in Venezuela, in Mexiko, in den USA und in Kanada. Besonders in Saudiarabien und im Irak wird Erdgas immer noch laufend in großen Mengen vernichtet, während in den USA, in Venezuela und in Kanada die Gewinnung des Erdgases in Ermangelung von Transportmöglichkeiten oder von Verbrauchern weitgehend unterbunden wird. Von besonderer Bedeutung für Westeuropa können die neusten Erdgaserschließungen in der Sahara werden, welche bei Entfernungen zwischen 400 und 950 km bis zur nordafrikanischen Küste am Mittelmeer einen erheblichen Einfluß auf die Gasversorgung Westeuropas neben Verwertung in der chemischen und in sonstigen Industrien ausüben werden, zumal Erdgasverschiffung in Tankern im Mittelmeer vorerst leichter durchgeführt werden kann als beispielsweise über den Nordatlantik, besonders da Tanker, wie dies auch die Sperrung des Suezkanals bewies, gegenüber einer festen Rohrleitung jederzeit beweglich sind. Die Lösung der Verwertung überseeischer Erdgasvorkommen liegt daher im Bau großer Tanker zur Beförderung verflüssigten Erdgases. Mineralöl und Erdgas werden aller Voraussicht nach in den kommenden Jahren nicht nur den steigenden Gasbedarf in Westeuropa und in Westdeutschland bestreiten, sondern auch die Gasgewinnung selbst für Industrie und Stadtgasversorgung erheblich beeinflussen."

E.

Der westdeutsche Kalibergbau

In der westdeutschen Zeitschrift „Rationalisierung", München, Heft 5, 1957, berichtet Dr. H. HEDWIG, Hannover, über die Entwicklung der westdeutschen Kaliindustrie seit 1945 als Folge weitgehender Rationalisierungsmaßnahmen. In der Einleitung gibt H. einen Abriß über die Entwicklung der gesamtdeutschen Kaliindustrie von 1865 bis zum Ausgang des zweiten Weltkrieges. Die dann folgenden Zahlen verdienen Beachtung, wenn sie auch einem großen Kreis Eingeweihter bereits bekannt sein mögen. Sie sollen hier in Tabellenform wiedergegeben werden. Die Kalikonzerne begannen 1945 nach der Enteignung ihrer in der DDR gelegenen Werke mit 40% ihrer Vorkriegssubstanz. Es wurden seitdem produziert:

1947	342000 t	Reinkali
1949	780000 t	„
1954	1615000 t	„
1955	rd. 1700000 t	„
1956	1700000 t	„

Die zweimalige Verdoppelung des Produktionsausstoßes in der Zeit von 1947 bis 1954 wurde erreicht durch den Einsatz von schätzungsweise 300 Mill. DM Investitionen zum Ausbau vorhandener und Inbetriebnahme von fünf im Jahre 1927 stillgelegten Werken. Davon blieben in Niedersachsen allein mehr als 200 Mill. DM. Die neu in Betrieb genommenen Werke sind Sigmundshall, Riedel, Königshall-Hindenburg, Fürstenhall und Hugo.

Zur Zufriedenheit der westdeutschen Kaliindustrie hat sich auch der Absatz entwickelt:

1955 = 1,58 Mill. t
1956 = 1,735 Mill. t.

Dabei hat der Auslandsabsatz 1956 mit 15% erheblich stärker zugenommen als der Inlandsabsatz mit 5,5%. Vor dem Kriege wurden etwa 20% der Gesamtproduktion exportiert, jetzt etwa 40%. Über 95% der Kaliproduktion sind Düngesalze, 4,5% finden in der Industrie Verwendung, daneben wird eine Reihe von Nebenprodukten hergestellt.

Bei der bisherigen Entwicklung werden als Hemmnisse genannt:

1. Nur geringer Anstieg des Preises des Produktes gegenüber der Vorkriegszeit durch Festpreisbindung.
2. Keine Investitionshilfe, dagegen Verpflichtung für andere Grundstoffindustrien (Kohle-, Eisen-, Stahl- und Energiewirtschaft) eine derartige Hilfe aufzubringen.
3. Die Verpflichtung, eine internationale Anleihe des ehemaligen Kalisyndikats aus den zwanziger Jahren zu verzinsen und zu tilgen.
4. Schwierigere Gewinnungsverhältnisse als in der DDR.

1955 wurde in Westdeutschland so viel Kalidünger erzeugt, wie früher im gesamten Reichsgebiet.

Der Produktivitätsindex (Produktionsergebnis je Arbeiterstunde) wird angegeben:

1936 = 100 Punkte
1955 = 115 Punkte im Kali- und Steinsalzbergbau einschließlich Salinen gegen
75 Punkte im Steinkohlenbergbau.

Die in der DDR festgestellte Tendenz der Verbraucher, hochwertige Düngeerzeugnisse und Mischdünger zu bevorzugen, ist auch in der Bundesrepublik erkennbar.

In der Weltrangliste der Kalidünger-Erzeuger hat die Deutsche Bundesrepublik mit 1,7 Mill. t K_2O die DDR überflügelt, wenn man 1955 für beide Teile Deutschlands eine Gesamtproduktion von 3,16 Mill. t Reinkali annimmt. Die DDR steht also seitdem nach den USA und der DBR auf dem dritten Platz. Diese Tatsache sollte Mahnung und Ansporn für unsere Kaliindustrie sein. Das von der Regierung der DDR gesetzte Ziel von 2,2 Mill. t Reinkali 1960 bedarf großer Anstrengungen und erheblicher finanzieller Aufwendungen.

Die westdeutsche Kaliproduktion entstammt 15 Betrieben mit 34 in Gang befindlichen Schächten. Das entspricht etwa den Verhältnissen in der DDR. Die Beschäftigtenzahl wird mit 25000 angegeben. Die Förderung verteilt sich auf

den Hannoverschen Bezirk mit 64% aus sieben Werken,
den Werra-Fulda-Bezirk mit 32,5% aus zwei Werken und
Buggingen im Oberrheintal mit 4,5% aus einem Werk.

In einem weiteren Abschnitt werden dann die Aussichten für die zukünftige Entwicklung behandelt. Obwohl der Kalidüngerverbrauch im Inland von 1938/39 bis heute wesentlich gesteigert worden ist, wird auf eine weitere starke Zunahme des Inlandbedarfs keine große Hoffnung gesetzt. Pro Hektar landwirtschaftlicher Nutzfläche wurden 1938/39 durchschnittlich 43,4 kg Reinkali (im Reichsgebiet), 1956 aber 60,2 kg (im Bundesgebiet) gegeben.

Gegen die Konkurrenz der USA, der DDR, Frankreichs, Spaniens, der UdSSR und Israels soll der Export (1956: 786000 t K_2O, davon vier Werke in Südhannover 382000 t) gehalten und erweitert werden. Bisher ging der Export der westdeutschen Kaliindustrie hauptsächlich nach Großbritannien, Japan und Dänemark. In steigendem Maße wird auch nach asiatischen Ländern exportiert. Dem Verfasser des Artikels sind drei Tatsachen Grund für die Hoffnung auf einen steigenden Kaliexport:

1. Die heute Kali verbrauchenden Länder der Erde nehmen mit ihrer Nutzfläche nur einen Anteil von etwa 5—10% der gesamten Weltnutzfläche ein.
2. Die wachsende Bevölkerung der Erde zwingt zur Urbarmachung neuer landwirtschaftlicher Nutzflächen mit zunächst nur schwacher Düngung.
3. Die alten landwirtschaftlichen Nutzflächen werden beim Übergang zur intensiveren Ausnutzung in immer stärkerem Maße gedüngt werden müssen.

Abschließend enthält der Aufsatz noch einige Zahlen über das Anwachsen der Bevölkerung auf der Erde:

Zur Zeit etwa 2,5 Milliarden Menschen.
Tägliche Zunahme 75000 Menschen.
Jährliche Zunahme 25—30 Millionen Menschen; also in etwa 50 Jahren insgesamt 3,5—4 Milliarden Menschen.

Der Verfasser kommt zum Schluß, daß zu einem Pessimismus im Sinne von MALTHUS kein Grund vorhanden ist und daß die Erde bequem 10 Milliarden Menschen ernähren könne, wozu allerdings intensive Düngung notwendig ist. Vorausgesetzt, daß sich die Menschen nicht durch Kriege in Hekatomben selbst reduzieren, ist diese Schlußbemerkung des Verfassers nur gutzuheißen. GESS

Die Rechtslage im Aufschluß von Ton- und Kiesvorkommen

Die Erfassung und der Aufschluß von Ton- und Kiesvorkommen, die für die Bauwirtschaft von wirtschaftlicher Bedeutung sind, werden gelegentlich durch ungeklärte Besitzverhältnisse behindert. In dankenswerter Weise hat sich die „Wirtschaft“ Nr. 33 vom 15. 8. 57 — Seite 9 — eingehend mit diesem Problem befaßt. Da auch den Geologen die Rechtslage mitunter nicht bekannt ist, geben wir nachstehend die Feststellungen der „Wirtschaft“ wieder:

„Durch die im Jahre 1947 erlassenen Gesetze der Länder zur Überführung der Bodenschätze sind zwar bestimmte hochwertige Vorkommen — vor allem Kohle, Erze und Salze, Erdöl und Heilquellen — volkseigen geworden. Eine Regelung zum Beispiel für Baustoffe aber unterblieb. Lediglich im Brandenburgischen Gesetz findet sich ein Hinweis, daß die Landesregierung Vorkommen an Gips, Anhydrit, Kalk, Torf und Ton aus Gründen des öffentlichen Wohles enteignen könne. Entsprechende Beschlüsse wurden indes nicht gefaßt.

In der Verfassung wird im Artikel 25 festgelegt, daß alle Bodenschätze in Volkseigentum zu überführen seien. Entsprechende Ausführungsverordnungen fehlen allerdings noch. Immerhin untersteht die Nutzung aller Bodenschätze der Aufsicht der Länder bzw. der Republik (Art. 25, II). Artikel 26 besagt, daß die Wertsteigerung des Bodens, die ohne Arbeits- und Kapitalaufwendung für das Grundstück entsteht, für die Gesamtheit nutzbar zu machen ist; damit wird jeder Bodenspekulation ein Riegel vorgeschoben.

Auch wenn der Eigentümer einer Bodenfläche in all den Fällen, wo bestimmte Bodenschätze nicht enteignet wurden, grundsätzlich über die unter der Oberfläche liegenden nutzbaren Vorkommen an Ton, Sand, Kalk usw. das Verfügungsrecht hat, so ist dieses doch durch die oben erwähnten Verfassungsbestimmungen beschränkt, und es würde einen klaren Verstoß auch gegen Artikel 24 der Verfassung — „Eigentum verpflichtet, sein Gebrauch darf dem Gemeinwohl nicht zuwiderlaufen“ — bedeuten, wenn ein Grundstückseigentümer sich aus rein persönlichen Gründen einer Inanspruchnahme von Flächen, unter denen Bodenschätze lagern, widersetzen würde.

Die Verordnung über die Inanspruchnahme von Grundstücken für bergbauliche Zwecke vom 4. 12. 1951 (GBl. S. 1134) verpflichtet den Grundstückseigentümer, die benötigten Flächen dem Bergbautreibenden zu überlassen. Er kann wählen zwischen Verkauf oder Verpachtung. Hierfür ist dem Grundstückseigentümer eine angemessene Vergütung zu gewähren. Auf jeden Fall muß aber das Grundstück unabhängig von der Klärung der Entschädigungsansprüche überlassen werden. Um dem Eigentümer bzw. dem sonstigen Nutzungsberechtigten die Möglichkeit zu geben, sich auf die Inanspruchnahme einzurichten, muß ihnen jeweils bis zum 1. Juli eines jeden Jahres von der für den 1. Oktober des folgenden Jahres in Aussicht genommenen Einziehung Kenntnis gegeben werden und gleichzeitig ist auch der jeweils zuständige Rat des Kreises zu benachrichtigen, damit etwaige Sollveranlagungen berichtigt werden können.

Diese Verordnung ist in erster Linie für die Kohlegewinnung, bei der laufend große Flächen neu in Anspruch genommen werden müssen, gedacht.

Sie gilt aber auch für alle anderen Bodenschätze wie Ton, Kies, Naturstein usw. Die Gewinnung dieser Baustoffe gilt als Bergbau im Sinne der Verordnung, da sie ebenfalls die industrielle Gewinnung von Bodenschätzen zum Gegenstand hat.

Die Höhe der zu zahlenden Entschädigung wird sich danach zu richten haben, was bei normaler landwirtschaftlicher Nutzung der Oberfläche — bebautes Gelände wird nur selten in Frage kommen — an Ertrag erzielt werden konnte und nun entfällt. Hinzu kommt oft noch ein Ausgleich für die durch den Abbau sich ergebende Wertminderung des Geländes (Wasserentzug oder umgekehrt Teichbildung; vgl. dazu die Verordnung über die Wiedernutzbarmachung der für Abbau und Kippenzwecke des Bergbaus in Anspruch genommenen Grundstücksflächen — GBl. 146/1951, S. 1133). Dagegen kann der „Wert“ des Tones, Kieses oder Steines nicht berücksichtigt werden, da das dem Grundsatz des Artikels 26 der Verfassung widerspräche. Gerade hierbei ergeben sich allerdings die meisten Differenzen zwischen dem Eigentümer und dem das Vorkommen in Anspruch nehmende Organ, das in der Mehrzahl der Fälle ein volkseigener Betrieb ist. Hier wären einheitliche Richtlinien wünschenswert, um die oft sehr langwierigen Auseinandersetzungen über die Höhe der zu zahlenden Entschädigung zu vermeiden. Grundsatz muß dabei sein, daß Bodenschätze kein Spekulationsobjekt sind. Da ihre Entstehung vom Grundstückseigentümer nicht beeinflußt wurde, er also keine Arbeit darauf verwandte, kann er auch keinen besonderen Gewinn aus ihrem Vorhandensein beanspruchen. Die sich durch die Verarbeitung ergebende Wertsteigerung muß entsprechend der Verfassung der Allgemeinheit zugute kommen.“ E.

Industrielle Forschung

„Die Investitionen für Forschung, Wissenschaft und Ausbildung gewinnen infolge der steigenden Industrialisierung eine immer größere Bedeutung.“ Das wurde in einem Vortrag vor der Deutschen Volkswirtschaftlichen Gesellschaft in Hamburg von E. D. REEVES, Vizepräsident der Esso Research and Engineering Company und Präsident des Industriellen Forschungsinstitutes der USA, über „Weg und Wirkung der industriellen Forschung“ festgestellt.

Nach ihm ist in den USA die industrielle Forschung bereits ein eigener Wirtschaftszweig geworden, in dem rund 500000 Menschen beschäftigt sind. 1956 wurden für diese Forschungsarbeiten 5 Mrd. $ ausgegeben, und es ist damit zu rechnen, daß der Aufwand in den nächsten zehn Jahren vervierfacht wird. Der Präsident der Deutschen Volkswirtschaftlichen Gesellschaft, Dr. KÖHLER, bezeichnet es als eine dringende Aufgabe, in den westdeutschen Wirtschaftskreisen mehr Verständnis für die Bedeutung von Investitionen für Forschung und Wissenschaft zu erwecken.

E.

Westdeutsche Ziegelindustrie

In der Bundesrepublik wurden 1956 6 Mrd. Mauerziegel und 1,1 Mrd. Dachziegel hergestellt. Die Mechanisierung hat in diesen Industriezweig weitgehend Eingang gefunden. Es bestehen zur Zeit in der Bundesrepublik etwa 1600 Ziegelindustriebetriebe mit etwa 55000 Arbeitern. E.

Geologisches Institut in Weimar

An der Hochschule für Architektur und Bauwesen in Weimar wurde von der Fakultät für Baustoffkunde und Baustofftechnologie das Institut für Geologie und technische Gesteinskunde gegründet. Leiter des Instituts ist Herr Prof. Dr. phil. WALTER HOPPE. E.

An unsere Leser!

Zusammen mit diesem Heft werden den Beziehern kostenlos Einbanddecken und das Inhaltsverzeichnis für den Jahrgang 3 unserer Zeitschrift zur Verfügung gestellt. Sollten einige unserer Abonnenten nicht in den Besitz der Einbanddecken gelangen, bitten wir Sie, sich mit der Vertriebsabteilung des Akademie-Verlages in Verbindung zu setzen.

Die Redaktion

In den nächsten Heften

der

Zeitschrift für angewandte Geologie

erscheinen u. a. folgende Beiträge:

F. REUTER: Hangrutschungen bei den Baustellen des Bodewerkes

E. v. HOYNINGEN-HUENE: Sind Lagerstätten-Schutzbestimmungen für Baustoffvorkommen im Deckgebirge der Braunkohle anwendbar?

G. HEDRICH: Neue Aufschlüsse im Zwitterstock zu Altenberg

H. FRIESE: Einige geologische Darstellungsmethoden aus der Praxis der Steinkohlenerkundung

H. LOOSE: Ein Doppelkernrohr zur speziellen Gewinnung ungestörter Steinkohlenkerne

G. SAGER: Die Nutzung der Gezeitenenergie

R. KÖHLER & A. THOMAS: Über den Stand der ingenieurgeologischen Kartierung in der DDR

L. W. GROMOW: Der Begriff „Erzfeld" der endogenen Ganglagerstätten

M. ROST: Zu Fragen der ingenieurgeologischen Baugrundkartierung, besonders im Mittelgebirge

G. CHRYPLOFF: Ein Fund von *Peregrinella peregrina* in der Unteren Kreide Norddeutschlands

P. RUSSWURM: Der ehemalige Manganerz-Bergbau im Harz

E. CIUK: Die Braunkohlenlagerstätten in Polen und die Perspektiven ihrer Erkundung

T. NÖTZOLD: Die Möglichkeiten makropaläobotanischer Untersuchungen für die Erkundung der Braunkohle

F. REUTER: Die Wasserdurchlässigkeitsprüfungen und Baugrundvergütung als ingenieurgeologische Untersuchungsmethoden bei Talsperrenbauten

M. KRAFT: Erzmikroskopische Untersuchungen über die Aufbereitbarkeit von mylonitischem Gangmaterial am Beispiel des Silberfund-Stehenden, Revier Brand südlich Freiberg

H. J. ROGGE & O. MIEHLKE: Zu den jüngsten Küstenrückgängen bei Kühlungsborn und Graal-Müritz-Neuhaus

F. STAMMBERGER: Einige Bemerkungen zur Diskussion über die Vorratsklassifikation

R. HUTH: „Wüstungen" und geologische Kartierung

Heft 5 der „Zeitschrift für angewandte Geologie" wird als Uranheft erscheinen

FSC
www.fsc.org
MIX
Papier | Fördert
gute Waldnutzung
FSC® C083411

Kolibri 360 GmbH
Ferdinand-Jühlke-Straße 7
99095 Erfurt, Deutschland
produktsicherheit@kolibri360.de